現代農業の深層を探る〈4〉

グローバリゼーション下のコメ・ビジネス

流通の再編方向を探る

冬木勝仁

日本経済評論社

目　次

第一章　米流通からコメ・ビジネスへ

1　「コメ・ビジネス」の意味

一九九五年一一月、「主要食糧の需給及び価格の安定に関する法律」（食糧法）が施行され、「食糧管理法」（食管法）が廃止された。それに伴い、巷では米を「作る自由」、「売る自由」が喧伝された。食管法は、四二年の制定以来何回かの改定を経たものの、一貫して米流通を「規制」してきたが、その廃止と食糧法の施行によって、「管理」という用語がイメージする束縛感から一気に解き放たれたかのような意識が形成された。しかし、現実はそう単純ではなく、米流通をめぐる競争が激化する中で、関係者はしのぎを削り、一部の業者には疲弊感さえ見受けられる。

これまで米流通については多くの場合、「食糧政策」や「食糧管理制度」といった政策・制度論として議論されてきた。例えば、「主要食糧をめぐる諸経済行為から商業資本を排除し国家が一元的に支配・管理するものとして登場した食管法は、その後における日本の国家独占資本主義の性格・構造の変化に対応して、この基本的性格を軸に制度の変化が行われてくるのである」といった表現に見られるように(1)、商業資本が排除された下での「制度の変化」が中心的な課題として扱われ、「流通」それ自体が議論の中心ではなかった。

また、右の論者に対して批判的で、一見すると「流通」自体を取り扱ったようにみえる議論でも、戦前からのこれまでの米流通の動向を「自由流通システム」（食管法成立以前）→「統制流通システム」→「混合流通システム」といった表現を用い、「米流通システム」の変遷として捉える方法であった。(2)

では何故、政策・制度論として論じられてきたのか。それは、米を含む農産物流通の特殊性に起因している。やや教科書的に言えば、基本的に「産業資本」が生産過程を担い、「商業資本」が流通過程を担う工業製品と異なり、農産物は、資本とは階級を異にする「小農」が生産過程を担うため、農産物市場をめぐる関係が単なる「流通過程」ではなく、資本と農民との階級対抗関係を包含し、それゆえ国家が総括せざるを得ない。それゆえ、流通に関わる政策・制度が議論の中心になってきたと考えられる。

「戦後の農民が生産力展開と農民層分解の過程で、国家独占資本主義的再生産構造の中に大きく五つの市場関係を通じて組み込まれていくが、そこでの関連する諸資本の農家経済の包摂・支配と農民の諸市場への対応・対抗の関係を明らかにすることが農業市場論の課題である」という認識である。(3) ここで言う「五つの市場関係」とは、農産物市場、農業生産財市場、土地市場、労働力市場、農業金融市場を指している。また、「規制緩和は、農業など小規模経営が支配的な分野に関しては、流通を媒介とした生産段階への資本の支配体制構築のための条件整備ともなりうる」という表現で示されているように、(4) 流通過程は生産過程を支配するものとして位置づけられてきた。

一方で、近年の「フードシステム論」では、この点、すなわち生産過程と流通過程の関係については、それぞれを担う各主体間の「非対称性」として把握し、「川中」・「川下」段階（食品流通業、食品産業、外食産業など）における「寡占的競争構造」と「川上」段階（農業生産）における「原子的競争構造」として指摘している。ただし、主体間の条件の相違を意識しつつも、「提携関係の深化」や「パートナーシップの構築」、「垂直的調整」

によって克服が可能とする。(5)

「フードシステム論」では、農業と食品産業・食品流通業などとの関係における一側面としての相互前提関係のみが強調され、もう一側面である相互に対立・排除する関係を矮小化しているように思え、これは「食品産業の健全な発展」、「農業との連携の推進」を掲げる現在の食料・農業政策を反映している。(6)

「農業市場論」の議論に立ち戻って、さらに検討すれば、「関連する諸資本の農家経済の包摂・支配と農民の諸市場への対応・対抗の関係」といっても、農産物流通について意識されていたことは、労賃水準の基礎としての食料価格や食品加工資本の原材料としての農産物価格をめぐる対抗関係、生産資材価格と農産物価格との差いわゆるシェーレの問題、など「農業問題」に力点が置かれ、「流通」それ自体を担う「資本」についての議論は十分になされていなかったように思える。それもそのはずで、実際の「流通過程」の主要な担い手は、産地流通においては協同組合であり、品目によっては消費地流通においても協同組合や自営業者が大宗を占めていた。

その事実を背景にして、「商業利潤節約」説が論じられたり、協同組合による前期的商人の排除が論じられたりしてきた。言わば、総資本的観点から流通を位置づけた議論が展開され、流通過程における個別資本の運動が論じられたわけではない。流通過程における個別資本の位置が大きくなっている現在、個別資本の能動性に注目した議論が必要になっていると考える。後代の高みに立って、既存の議論を批判するつもりはない。既存の議論の背景にはそれを必要とした「現実」が存在する。

その「現実」の変化を反映して、農産物流通をめぐる議論は、それを論者自身が意識しているかどうかはともかく、「農業市場論」的なものから「フードシステム論」的なものに移行しつつある。(7)主流となりつつある「フードシステム論」では農業・食料をめぐる階級的対抗関係が欠如している、というよりも始めから問題にされていない。

しかし、ある著名な教授の言を借りれば、「現実」の日本農業は「平成農業恐慌」という状態にあり[8]、それを目の当たりにすれば、「対抗関係」を意識せざるを得ない。また、「現実」の米流通は制度によって秩序づけられた状態ではなく、市場原理の下で企業同士がしのぎを削る「ビジネス」の世界になっており、生産の側はそれに「対抗」する術をもたず、過剰な「対応」に忙殺されている。

したがって、本章では「農業市場論」の基本的視角を保持し、制度の変化を念頭に置きつつも、「現実」の変化、とりわけ流通過程自体で生じている変化、主体の動向をリアルに把握し、食糧法施行の前後を一貫して「コメ・ビジネス」の展開過程として把握することを課題とする。

2　食管法末期の規制緩和と流通業者の性格変化

(1)　戦後食糧管理制度の枠組みとその変容

食管法に基づく食糧管理制度の成立は一九四二年にさかのぼる。食管法制定以前、米市場の主役であった米商人はもっぱら米価の変動による投機的利益の獲得を利潤源泉とする前期的資本の性格を有していた。また、地主制の下で米の大部分を把握する地主との密接な関係、時には人格的に全く一致する関係を持っていた。この段階において、直接自らの手に米流通を把握しきれなかった資本は、食管法に基づく国家による米流通の直接統制を行うことによって、資本主義前期的性格を有する諸主体の利害を一方的に制限し、米流通を自らの運動に適合させることを図った[9]。

第二次世界大戦後、農地改革により地主制がなくなり、自作農体制が形成される中で、食管法は、米流通を資本の運動に適合させるという戦前の性格を保持しつつも、二重米価制と政府買入による生産者所得補償や産地流通においても消費地流通においても協同組合（農協と事業協同組合）が米流通の大宗を担うことなど、一定の民主的改革を経た国家管理、公的規制の下で、運用次第では経済民主主義を実現する可能性を有していた。

この戦後食糧管理制度の根幹として、河相一成氏は、「米の政府全量買い入れ」、「米流通の国家一元管理・流通ルートの特定」、「二重米価制」、「米の国家貿易」、「食糧管理特別会計」をあげている(10)。食糧管理制度下で米は商品的性格を否定され、もっぱら「配給」されるものとして位置づけられていた。法律上も一九八一年の食管法改定まで、「配給」の文言が残存していた。

その後、徐々に進んだ規制緩和は、この根幹をなし崩し的に取り去っていく過程である。とりわけ一九六九年の自主流通米制度の導入は、米に一定の商品的性格を付与し、米流通における利潤獲得の可能性をもたらした。しかしながら、この段階においても米の流通ルートは一元化され、価格や取引方法に制限があったため、米流通業者は特定された流通ルートに関わる一部の機能を担うことにより、報酬を得る「手数料商人」としての性格を有するにすぎなかった。ただし一方で、食管法の枠組みから排除されたいわゆる「自由米」を扱うことによって利益を得る業者も存在した。

(2)　一九八〇年代以降の規制緩和と米流通

一九八〇年代以降、規制緩和が本格的に進展する。八一年の食管法改定に引き続き、八五年には「米穀の流通改善措置大綱」、八八年には「米流通改善大綱」が実施に移され、大幅な規制緩和が実施される。また、七一年の予約限度数量制導入や八一年食管法改定による縁故米・贈答米規制の解除（個人間の非営利的譲渡行為の容認）により、大幅に増大したと考えられる「自由米」が大きな影響を及ぼすようになってきた。

この時期の規制緩和の特徴は以下のとおりである(11)（表1-1）。

表 1-1　食糧管理法改定（最終）後における米穀流通規制緩和の推移

年　月	事　　項	概　　要
1981 年 6 月	食糧管理法改定	集荷業者・販売業者について指定制・許可制を取り流通ルートを特定 個人間の非営利的譲渡行為（縁故米・贈答米）の規制解除 米穀の管理に関する基本計画・供給計画の策定 厳格な配給制度の停止 自主流通制度の法定化
1982 年 1 月	改正食糧管理制度の運用について	取扱量による卸・小売の資格要件の設定
1982 年 1 月	集荷業者および販売業者の業務運営基準	小売における販売所・特定営業所制度の導入 卸売業者への大型外食事業者への直接販売制度
1985 年 11 月	米穀の流通改善措置大綱	卸-小売間の結びつきを複数化（「従たる卸」の認可）
1987 年 9 月	特別栽培米の取扱いについて	特別栽培米制度導入
1988 年 3 月	米流通改善大綱	他用途利用米制度の導入 自県産自主流通米等における二次集荷業者と卸売業者の直接取引 卸売業者の新規参入の実施 小売業者の営業区域の拡大（隣接市町村 → 都道府県一円） 卸売業者の営業区域の拡大（同一都道府県 → ブロック内の隣接都府県） 小売業者の移動販売許可 卸-小売間の結びつきの拡大（「従たる卸」の複数化） 一定基準の下で自動販売機を店頭以外に設置できる 自主流通米の県間卸間売買 一次集荷業者の指定要件の緩和 小売許可要件の緩和
1990 年 8 月	自主流通米価格形成機構設立	自主流通米入札制度導入
1990 年 10 月	自主流通米の入札取引開始	

資料：食糧管理法令研究会『食糧管理関係主要法規集』大成出版社，1993 年.

年間販売量見込み四〇〇〇精米トン以上という許可要件の設定により、極端に小規模な業者は廃業もしくは合併をよぎなくされた。一方、消費量に比べて業者が少ない都道府県では新規参入が認められ、業者数の調整が図られた。

卸売業者数の調整

卸売業者の販売先の拡大

それまで、小売業者は一つの卸売業者としか「結びつき」登録を行うことができず、卸売業者は「結びつき」登録を行った小売業者にしか販売できなかったが、それ以外の小売業者（「買受け」登録）にも小袋精米を販売できるようになった。また、同一都道府県内に限られていた営業区域が小袋精米販売に限って同一ブロック内の隣接都府県にまで拡大した。さらに、大型外食事業者への直接販売も認められ（それまでは小売業者を通じて販売）、大幅に販売先が拡大した。

以上の措置は、卸売業者にとって新たなビジネス・チャンスをもたらすとともに、販売先、とりわけ大規模小売業者への販売をめぐる競争をうみだすことになった。また、大手外食産業への販売をめぐっては、卸―小売間の垣根が一部とりはらわれたため、大規模小売業者との競争関係も生じることとなった。

卸売業者の仕入方法の拡大

これまで「指定法人」（主として全農）の建値設定（形式上は卸売業者団体との交渉で決定）に基づいて仕入れるしかなかった自主流通米の仕入方法が、県間卸間売買や「自主流通米価格形成機構」における入札取引の導入により多様化した。入札取引での落札価格次第では、卸間売買や自由米取引との価格差による利ザヤ獲得の可能性が生じた。また、一九八一年の食管法改定で縁故米・贈答米規制が解除されたため、本来であれば違法な自由米も拡大したことを前提として、自由米価格が卸間売買価格を通じて自主流通米価格に反映するようになった。

価格形成の主導権の変容

以上のような規制緩和の結果、価格形成の主導権がいわゆる「川下」に移行した。一連の卸―小売間の「結びつき」の「自由化」措置、外食産業への卸売業者による直販制度は、大手小売業者、外食産業など大手実需者が価格形成に及ぼす影響力を強化した。また、卸間売買の拡大は卸売業者同士での米の融通を可能にし、一定の需給調整機能を付与することになった。

こうした条件下で自主流通米価格の引き下げ圧力が強まり、入札取引の導入によって、その圧力が現実のものとなった。ここにきて、価格形成の主導権が販売業者に移行するようになったのである。

総じて言えば、一九八〇年代の規制緩和は消費地流通段階で先行し、九〇年の自主流通米入札取引の導入によって、産地流通にも影響が及ぶようになったと言えよう。したがって、米流通をめぐる競争の展開は消費地流通、とりわけ様々な点で「自由化」された卸売業者間で生じることとなった。それまで、卸売業者は、都道府県ごとに相対的に大規模な業者から小規模な業者まで半ば固定化された階層性を保ったままで流通の秩序を維持していたが、競争の展開はその構造を徐々に崩壊させていくことになり、小規模業者の淘汰、業界全体の再編が進行することとなったのである。

(3) 食管法末期における卸売業者の再編の特徴

この時期における業界再編の特徴は、競争の結果、業績が悪化したことに伴う合併など受動的対応とともに、同一ブロック内の隣接都府県への販売が認められたことから、営業区域をブロック全体に広げようとする吸収合併・資本参加などビジネス・チャンスを見込んだ積極的対応も見受けられる。また、農協系統組織の卸売業務の分社化や全糧連（全国食糧事業協同組合連合会）系統卸売業者の都道府県単位での統合化の動きなど全国団体主導による再編とともに行政の指導による合併の推進など、将来の競争激化を念頭においた「上からの」調整的再編も進行した[12]。

以上のような水平的統合化に加え、垂直的統合化を志向する動きも見られた。流通ルートが多様化し、それまでの流通の秩序が崩壊していく中で、卸売業者は小売業者を組織化したり、直営することによって、また炊飯事業や外食・中食事業を展開することによって、安定した販路を確保するとともに、産地との結びつきの拡大を図ることによって、自らのイニシァティヴの下で安定した流通ルート、秩序を個別的に形成しようとした。

食管法末期にはこのように卸売業者が流通チャネルの主導権を把握しようとする動きが見られたが、ある意味では卸売業者も食管法によって保護されている存在であったため、後述するように、食管法廃止とともにその方向はもろくも崩れさるのである。

一方、卸売業者による炊飯事業や外食・中食事業の展開など経営の多角化傾向は自らの販路確保、小売業者の組織化の一貫としてのリテール・サポートという点とともに、別の意味を持っていた。それまで外食事業や米飯事業など食管法の規制外にあるコメ関連ビジネスに進出していた大手資本と卸売業者の結びつきを強化することになったのである。他方、大手資本の側でも将来の米流通の規制緩和を見込んでコメ関連ビジネスを拡大しつつあり、米流通への直接参入の萌芽も見受けられた。大型外食事業者への卸売業者による直接販売制度の導入は、それまで小売業者を媒介とした間接的な関係であった大手外食産業と卸売業者との間に直接的な関係を作り上げたのである[13]。

(4) 卸売業者の性格変化と食糧法への道

以上のような業界再編の中で卸売業者の性格が変化することになった[14]。以前は、厳格な食管法に基づき、生産者から消費者までの流通ルートが一元化されており、卸売業者はその決められた流通ルートの一部の機能を担うことにより手数料を獲得する受動的な「手数料商人」でしかなかった。販売先である小売業者は限定されていたので、事業を拡大することはできなかったが、販売先の獲得をめぐる競争もなく、経営は比較的安定していたともいえよう。しかし、食管法に基づく規制が緩和され、流通ルートが多元化されることによって、やり方次第ではより多くの利得が得られる可能性が生じるとともに経営が不安定になる恐れも生じた。その結果、卸売業者は積極的に事業を拡大し、様々な方法によって利益を求める能動的な商業資本（あるいは産業資本）としての性格を強めることとなった。この性格の変化は米の性格変化とも関係している。自主流通米制度の導入、産地・品種別の取引、入札取引、多様な価格形成など米の性格がますます一般商品化していくのに伴って、それを取り扱う卸売業者の性格もまた変化してきたのである。

しかし、一方では諸々の規制が残存していた。生産者から一次集荷、二次集荷、指定法人にいたる多段階にわたる許可業者制度・委託販売制度による「中抜き」流通の原則禁止の下で、米の集荷を含む産地流通においては農協系統組織が圧倒的なシェアを有していた。若干緩和されたとはいえ、卸売業者の営業区域は同一ブロック内に制限されていた。「需給実勢」すなわち、より「川下」（大規模小売業者、外食産業等）からの価格引き下げ圧力を反映するはずであった入札取引も、値幅制限や上場数量・買受申込数量の制限、回数の制限など様々な規制があり、卸売業者の期待に十分応えるものとは言えなかった。また、政府の行政行為である「事業」として、何度か名称は変えながら、半ば強制的に生産調整が一九六九年度以来一貫して行われていた。こうした規制の緩和を卸売業者は求めるようになった。

つまり、食管法をなしくずし的に形骸化しつつ、維持していこうとする矛盾した政策を政府がとってきたため、卸売業者は規制緩和により資本としての性格を強めたものの、いまだ維持されている規制によって、その自由な活動を阻まれていると考え、「桎梏」となっている食管法をさらにつき崩す方向に動くことになったのである。

このように考えると、政府が進めた米流通「改善」の名の下での規制緩和措置は、本来は自らも保護されているはずの業界内部から食管法をつき崩すテコになったのである。

一方でこうした既存業者の要求を汲みあげつつ、他方で既存業者の利益を浸食する可能性のある大手資本による米流通への直接参入を念頭に置き、財界総体としては、「農業・食品産業関連の規制緩和等を求める」という経済団体連合会（経団連）の提案（一九九四年五月）に見られるように、米流通における規制緩和の要求を強めることになった。

また、一九九三年の大冷害、米不足、緊急輸入、同年一二月のガット・ウルグアイ・ラウンド交渉妥結、その結果に基づく九四年の世界貿易機関（WTO）の設立に関する協定および附属する各協定（WTO協定と略）の調印、九五年からのミニマム・アクセス（MAと略）米輸入の受け入れ、という経過の中で、政府としては恒常的な輸入米を前提とする米流通制度を構築する必要があった。

こうした背景をふまえ、農政審議会は一九九四年八月二日に会長私案として食管法に代わる「新たな米管理システム」を公表し、同一二日に公表された「新たな国際環境に対応した農政の展開方向」と題する正式な報告書の中に、食管法の改定による米流通の規制緩和、米販売の多様化の方向を盛り込んだのである。この報告書を受け、政府・与党内での検討、調整が行われ、一〇月には法案として結実し、最終的には一二月に、WTO協定等の批准と併せ、食糧法が制定されたのである[15]（表1-2～4参照）。

3　食糧法の施行と大手企業の本格参入

食管法は一九九五年一一月の食糧法の施行をもって廃止される。基本的に食糧法による規制緩和は八〇年代以

表 1-2　食糧法・米輸入恒常化にいたる経過①（自主流通米入札制度導入まで）

年　月	事　　項	内　　容
1980 年 8 月	日本経済調査協議会「食管制度の抜本的改正」提言	正米市場を開設 米の生産調整・自主流通米制度を廃止 米の政府買入量を現行の 3 分の 1 に削減 米の配給通帳をクーポン券に切り換える
1980 年 10 月	農政審議会「80 年代農政の基本方向」	食糧安保の観点から安定供給確保のため食管制度の根幹は維持
1982 年 7 月	「行政改革に関する第 3 次答申」（基本答申）	米価引き下げ・転作奨励金の合理化を要求
1985 年 4 月	行政改革推進審議会「行財政改革の進ちょく状況と今後の課題」	食管制度による「米の全量管理」の見直しを提唱
1986 年 4 月	国際協調のための経済構造調整研究会報告書（前川レポート）	市場メカニズムの活用による農業構造改善の推進 内外価格差の著しい品目の輸入拡大・内外価格差の縮小 農業の合理化・効率化 農産物価格政策における市場メカニズムの一層の活用 輸入制限品目の市場アクセスの改善
1986 年 9 月	全米精米業者協会（RMA）がアメリカ通商代表部（USTR）に提訴	日本の米市場開放を要求
1986 年 9 月	ガット閣僚会議で新ラウンド（多角的貿易交渉）の開始を決定	ガット・ウルグアイ・ラウンドの開始
1987 年 1 月	経団連「米問題に関する提言」	
1987 年 4 月	日本の米市場開放をアメリカ政府が正式に要求	ウルグアイ・ラウンドの協議へ持ち込むことを日本政府受託
1988 年 9 月	RMA が USTR に再提訴	日本の米市場開放要求
1988 年 10 月	経済同友会「コメ改革の目標と方策」	
1988 年 12 月	閣議で「規制緩和推進要綱」決定	新たな米管理方式の枠組みを検討，市場原理導入を迫る
1989 年 5 月	農政審議会「今後の米政策及び米管理の方向」	「自主流通米価格形成の場」検討会を発足させる
1990 年 7 月	山口敏夫氏が米の部分自由化発言 宮沢元蔵相が米の関税化容認発言	
1990 年 8 月	公明党「国際化時代にのぞむコメ・農業政策」公表	1992 年に 20 万 t，10 年後に 50 万 t の米輸入を容認

注：表 1-1 に示した事項については省略してある．
資料：『年表　明治・大正・昭和農業史　日本農業年鑑 '90 別冊付録』家の光協会，1989 年，矢部洋三・古賀義弘・渡辺広明・飯島正義編『現代経済史年表』日本経済評論社，1991 年，食糧政策研究会編『WTO 体制下のコメと食糧』日本経済評論社，1999 年，『日本農業年報 41　総括：ガット・UR 農業交渉』農林統計協会，1995 年，その他，表に示した各提言文書，新聞各紙を参考に作成した．

表 1-3　食糧法・米輸入恒常化にいたる経過②（ガット農業合意受け入れまで）

年　月	事　　項	内　　容
1991 年 3 月	第 16 回国際食品・飲料展（幕張メッセ）	アメリカ米協議会がアメリカ産米の展示強行
1991 年 5 月	金丸元副総理が米の市場開放を認める発言	
1991 年 12 月	ガット・ウルグアイ・ラウンドでダンケル事務局長が「包括合意案」提示	農業保護の「関税化」を基調とする
1992 年 3 月	経団連「21 世紀に向けての農業政策のあり方」	農産物市場の一層の開放
1992 年 3 月	農林水産省がアメリカ産米の輸入・展示を許可	アメリカ大使館主催「グレート・アメリカン・フード・ショウ」
1992 年 6 月	新しい食料・農業・農村政策の方向（新政策）	流通面での規制緩和と販売業者の活性化 米の産直ルートの拡充などによる販売方法の多様化
1992 年 6 月	国会で「米の市場開放阻止」の請願を全会一致で採択	
1992 年 10 月	食糧庁がカリフォルニア米を使った冷凍すしの輸入を了承	
1993 年 2 月	赤松社会党書記長が関税化容認発言 「関税化受入れ国民委員会」が全国紙に意見広告	
1993 年 3 月	公正取引委員会が 12 経済連に対して警告	自主流通米入札取引に独占禁止法違反の疑い
1993 年 9 月	経団連「規制緩和等に関する緊急要望」	米穀の販売許可制度の見直しによる新規参入の促進 農家の直接販売の対象を卸売・小売業者に拡充
1993 年 9 月	冷害対策関係閣僚会議で米の緊急輸入を決定したことを発表	
1993 年 10 月	自主流通米価格形成機構が入札取引の中断を決定	
1993 年 10 月	10 月 15 日現在の作況指数が全国平均で 75 であることを公表（大凶作）	
1993 年 11 月	緊急輸入米を載せた第一船が横浜港に入港	
1993 年 12 月	日本政府がガット農業合意受け入れ表明 ガット貿易交渉委員会で最終協定案を採択	

注：表 1-1 に示した事項については省略してある．
資料：表 1-2 に同じ．

表 1-4　食糧法・米輸入恒常化にいたる経過③（食糧法施行まで）

年　月	事　　項	内　　容
1994 年 2 月	食糧庁が主食用緊急輸入米販売開始にあたり，全国紙に全面広告	
1994 年 3 月	国際食品・飲料展(幕張メッセ)で外国産米の試食が初めて行われる	
1994 年 4 月	ガット閣僚会議でウルグアイ・ラウンド協定調印・WTO 設立決定	
1994 年 5 月	経団連「農業・食品産業の規制緩和等を求める」	自主流通米価格形成機構の改革 米穀種子販売規制の緩和 生産者の直接販売の拡充 選択的減反制度の導入 米穀流通に関する規制緩和 農業生産法人の構成員要件の一層の緩和 米穀の政府買入・売渡価格の引き下げ
1994 年 8 月	農政審議会「新たな国際環境に対応した農政の展開方向」	米穀販売の多様化 食糧管理法の改定による米穀流通の規制緩和
1994 年 12 月	主要食糧の需給及び価格の安定に関する法律(食糧法)制定 WTO 協定批准	
1995 年 1 月	WTO 協定発効	
1995 年 7 月	農業合意に基づくミニマム・アクセス輸入米の第 1 回入札	SBS(売買同時入札)方式による入札
1995 年 10 月	経団連「新食糧法の運用に望む」	米穀流通に係わる規制緩和の徹底 米麦の政府買入・売渡価格の段階的引き下げ 事業者の自主検査に基づく精米表示の実現 生産者の自主的判断が尊重される選択的減反制度の実現 自主流通米価格形成センターにおける公正な価格決定・取引方法の確立
1995 年 11 月	主要食糧の需給及び価格の安定に関する法律施行	
1996 年 6 月	食糧法に基づく卸売・小売業者の新規参入実施 食糧法に基づく集荷業者の新規参入実施	

注：表 1-1 に示した事項については省略してある．
資料：表 1-2 に同じ．

米の方向を踏襲したものであるが、様々な点で踏み切れなかった措置を、外圧（WTO体制の成立）や冷害、米不足という状況を利用して、一気に実現したと言える。食管法下では他の農産物と比べて規制が強かった米流通が、食糧法の成立によってむしろ今後の規制緩和のモデル（とりわけ価格政策）として扱われるようになった。食糧法による規制緩和の特徴は以下のとおりである。[16]

(1) 参入規制の緩和と取引方法・流通ルートの「自由化」

集荷から卸売、小売までの業者制度が許可制から登録制に変わり、資格要件を充たしていればどの業者でも参入できるようになった。また、その資格要件も著しく緩和された[17]（表1-5、6参照）。

取引方法の規制緩和では、流通ルートの各段階における業者の販売先が拡大したことが大きい。とりわけ、集荷段階から「川下」（消費地流通段階）への販売先が拡大され、集荷に際して、それまでの委託集荷だけではなく、「買い取り」集荷が認められ、農協にとってそれまで以上に販売戦略が重要となってきた。

また、卸間売買に加え、小売間売買も認められ、「川下」での需給調整機能、利ザヤ獲得の可能性、需給実勢を反映した価格（いわゆる「値頃感」）の形成機能が強化された。卸売業者に対しては、いわゆる「他県卸」（本拠地以外の他都道府県に卸売業者登録を行うこと、登録要件は年間四〇〇精米トン以上の販売見込み、本拠地での登録要件は年間四〇〇〇精米トン以上の販売見込み）の範囲が全国に拡大し（それまでは同一ブロック内のいわゆる「隣接県卸」）、営業区域が事実上「自由化」された。

最も大きな変化は、かつての自由米にあたる流通を「計画外流通」として認めたことである。「計画外流通」は食糧事務所へ届け出るだけで、価格も含めた取引方法については何の制約もなく、「国家による米の全量管理」は理念としても放棄された。実際は届け出も行わないような言わば「新ヤミ米」が計画外流通米（以下、「」な

表 1-5　米流通業者制度の新旧比較①（出荷取扱業者）

	事項	旧制度	新制度
共通	指定(登録)要件	同右 同右	遵法要件 資力信用要件
出荷取扱業者共通	業態規制	農林水産大臣の指定制	農林水産大臣の登録制
	指定(登録)	都道府県の区域	都道府県の区域
	指定(登録)要件	経験要件	経験要件不要 自主流通契約締結要件(省略)
第1種出荷取扱業者	指定(登録)要件	施設要件 結び付き要件(省略)	施設要件(倉庫) 出荷契約締結要件(省略)
	自主流通米の売渡し等を受ける者	生産者登録に係る生産者，買取り集荷の禁止	出荷契約を締結している生産者，買取り集荷も可
	自主流通米の売渡し等を行う者	二次集荷業者に対する売渡しの委託	自主流通契約を締結している第2種出荷取扱業者もしくは自主流通法人 登録卸売業者及びその団体，登録小売業者，加工業者及びその団体，米穀の消費の増進に関する宣伝を行う法人，国の機関，地方公共団体その他これらに準ずるもの
	新規参入の取扱い	固定的な生産者登録制度による実質的な制限	登録要件を充足すればよい
第2種出荷取扱業者	指定(登録)要件	法人要件(省略)	法人要件不要
	自主流通米の売渡し等を受ける者	一次集荷業者，買取り集荷の禁止	自主流通契約を締結している第1種登録出荷取扱業者，買取り集荷も可
	自主流通米の売渡し等を行う者	指定法人に対する売渡しの委託	自主流通契約を締結している自主流通法人
		卸売業者及びその団体	登録卸売業者及びその団体
		同右	加工業者及びその団体
		同右	米穀の消費の増進に関する宣伝を行う法人
		同右	国の機関，地方公共団体その他これらに準ずるもの
			登録小売業者
	新規参入の取扱い	法人要件による制限	登録要件を充足すればよい

資料：食糧庁監修『食糧関係主要法規集』大成出版社，1995 年.

表 1-6　米流通業者制度の新旧比較②（販売業者）

	事　　項	旧　制　度	新　制　度
共　通	指定(登録)要件	同　右 同　右	遵法要件 資力信用要件
登録卸売業者	業態規制 業者・店舗の別 許可(登録)の区域 許可(登録)要件	都道府県知事の許可制 業者ごとの許可 同　右 施設要件 結び付き要件 経験要件(省略) 数量要件：年間販売見込数量が 4,000 精米 t 以上	都道府県知事の登録制 業者ごとの登録 都道府県の区域 施設要件(搗精施設) 結び付き要件不要 経験要件不要 数量要件：計画流通米の年間販売見込数量が 4,000 精米 t 以上(他の都道府県で追加登録を行う場合 400 精米 t 以上)
	自主流通米買取先	指定法人 二次集荷業者 卸売業者	自主流通法人 登録出荷取扱業者 登録卸売業者及びその団体
	販売先	卸売業者 買受登録を受けた，又は買受届出をした小売業者 大型外食事業者	登録卸売業者 登録小売業者 大型米飯販売業者 加工業者及びその団体，米穀の消費の増進に関する宣伝を行う法人，国の機関，地方公共団体その他これらに準ずるもの
	新規参入の取扱い	定数制の実施	登録要件を充足すればよい
登録小売業者	業態規制 業者・店舗の別 店舗許可(登録)の区域	都道府県知事の許可制 店舗ごとに許可 市町村，配達は都道府県の区域	都道府県知事の登録制 販売所を一括して登録 登録を受けた都道府県において，変更登録を受ければ販売所の新設は自由．また，配達については区域を限定しない．
	許可(登録)要件	施設要件 経験要件(省略) 数量要件(省略)	施設要件(売場) 経験要件不要 数量要件不要
	買受先	買受登録に係る，又は買受ける旨の届出をしている卸売業者	登録卸売業者，登録小売業者，登録出荷取扱業者
	新規参入の取扱い	人口基準による新規参入，定数制の実施	登録要件を充足すればよい

資料：表 1-5 に同じ．

しで用いる時は「新ヤミ米」も含めたものとして用いる）として販売されており、米価形成に大きな影響を及ぼしている。

(2) 価格形成における変化

それまでの「自主流通米価格形成機構」における入札取引についても、主に卸売業者の要求に応じ、取引の仕組み（値幅制限、上場数量、年間の入札取引の回数など）は変更されてきたが、食糧法では「自主流通米価格形成センター」（「センター」と略）として法律上正式に位置づけられたことから、本格的な「米市場」化の方向に進みつつある。具体的には、入札回数、上場数量の拡大、値幅制限の緩和、小売業者の入札参加などである。さらに、一九九八年産から導入された新たな入札システムでは、入札回数を年八回から一二回以上（各回とも前場・後場の入札機会があるため延べ二四回以上）に増やし、値幅制限を撤廃、実勢反映方式に変えるとともに、第一種出荷取扱業者（主に単位農協）を売り手として入札参加者に加えた。また、九八年産より持越米（古米）の三分の一以上を義務上場することも定めた。さらに、九九年三月からは「付帯業務取引」として、①落札残の自主流通米の取引、②上場していない自主流通米の試行的取引、③卸間売買、④計画外流通米の取引、を行っており、文字どおりの「商品市場」としての方向に進みつつある。

しかし、「付帯業務取引」の導入は、卸売業者の入札取引参加率の低下などに見られるような「センター」の機能低下に対応して行ったという側面もある。卸売業者が入札取引会場に出向かなくても入札できる在社入札システムの導入も同様である。(18)「センター」の機能低下の原因は言うまでもなく計画外流通米仕入の一般化である。販売先の「自由化」とも相まって、「センター」以外にも多様な取引の場が出現し、需給実勢にみあった価格でスポット買いができる条件が整ったからである。(19)

こうした多様な取引の場は、それまでのような産地＝「売り手」、消費地＝「買い手」という一方向の取引形態ではなく、業者が相互に「売り手」にも「買い手」にもなる多方向の取引形態であり、文字どおり「商品市場」としての性格を有している。現物の「商品市場」が形成されたならば、早晩「先物市場」の形成にも方向づけられよう。すでに、関西商品取引所を中心に米の先物取引の検討が進められている。(20)

(3) 恒常的な米輸入と輸入・国内流通の一元化

食糧法下でも、米の輸出入はかろうじて国家貿易制度による国の一元輸入が維持され（食糧法改定による一九九九年四月からの米輸入の「関税化」により、一元輸入は廃止）、入札による輸入業者から食糧庁への売り渡しと公定価格での卸売業者による買い入れであったが、一部は売買同時入札制度（ＳＢＳと略）により、事実上の民間輸入（形式上はあくまでも輸入業者による食糧庁への売り渡しと卸売業者による食糧庁からの買い入れ双方の価格を入札で決定するというもの）が実現した。

また、国内流通だけではなく、輸入業務においても新規参入が認められた。食管法下で、米麦の輸入業務は食糧庁の資格審査に基づく「登録商社」に限られ、長年にわたり、新規参入が認められず、業者数はほとんど変化がなかった。食糧法下でも「登録商社」制度は維持されたが、既存の商社に加え、新規に卸売、小売登録を行った食材・食品卸売業者などの新規参入組も含め、卸売業者、小売業者、その他様々な業者が新たに「登録商社」として認可され、米の輸入業務に参入した。その結果、輸入商社数は二〇社（一九九四年度）から三四社（九五年度、うち一〇社はＳＢＳ取引のみ）に急増し、その後も増え続け、二〇〇一年四月には四四社（うち二二社はＳＢＳ取引のみ、〇二年度には新規申請者なし）になった。

国内流通業者の輸入業務への新規参入は、もちろん一般のＭＡ米の食糧庁への販売も行うが、輸入業者（売り手）がその輸入米を買い入れる予定の卸売業者（買い手）と連名で入札するＳＢＳへの参加を主たる目的としていた。もちろん、卸売業者が輸入業者を兼ねていたとしても、同一業者が同一取引の「売り手」兼「買い手」として入札に参加することはできないが、実際には他の卸売業者に委託して「買い手」となってもらい、卸間売買等で国内での輸入米の所有権を移転することにより、事実上の輸入・国内流通の一元化を実現することになった。[21]

(4) 大手企業の本格参入とコメ・ビジネスの展開

以上のような規制緩和により、新規参入業者を中心に米流通の再編が進んだ。[22] 米の消費量は全体として停滞基調であるにもかかわらず、業者数が激増したため、少ないパイをめぐる争いが熾烈になった（表1-7）。とりわけ、それまではテナント業者や米穀店からの名義借りによって米を販売していた量販店の全店舗一斉登録やそれ

表 1-7　卸売業者・小売業者数の推移

年　月	卸売業者	小売業者
1982 年 6 月	322	65,598
1983 年 6 月	320	75,389
1984 年 6 月	316	77,202
1985 年 6 月	286	77,353
1986 年 6 月	282	78,032
1987 年 6 月	282	78,680
1988 年 6 月	280	86,185
1989 年 6 月	281	90,535
1990 年 6 月	285	91,656
1991 年 6 月	276	91,114
1992 年 6 月	278	92,499
1993 年 6 月	277	93,183
1994 年 6 月	277	90,752
1995 年 6 月	275	93,160
1996 年 6 月	339	175,609
1997 年 6 月	344	182,517
1998 年 6 月	359	188,387
1998 年 12 月	370	190,078
1999 年 6 月	383	154,134
1999 年 12 月	388	157,285
2000 年 6 月	391	158,420
2000 年 12 月	389	160,944
2001 年 6 月	391	162,104
2001 年 12 月	391	164,338

注：1)　小売業者は販売所数である.
　　2)　1997 年までは年 1 回(6 月)の登録のみであったが，98 年からは年 2 回(6，12 月)の登録になった.
資料：食糧庁計画流通部業務流通課「販売業の登録状況について」各年版.

まではほとんど実績のないディスカウントストア、ホームセンター、ドラッグストアなど他業態のチェーン・ストアの全店舗一斉登録、ガソリンスタンド、運輸業者、飲料メーカー、酒販店、食料品店、観光業者、外食産業、製造業者、建設業者などあらゆる業種から大手企業が一斉に参入した小売段階では、不況下での消費者の購買行動が価格を重視する方向にシフトしていることも手伝って、激しい競争が展開された。

卸売業者については販売数量要件をみたす必要があるため、①既存の大手小売業者、②総合商社、③精米業者、④生協、⑤既存卸売業者の子会社、⑥第一種出荷取扱業者としても登録し、集荷も兼営する特定米穀業者など、以前から米流通業務における何らかの実績のある業者が中心であった。したがって、むしろ新規参入より、「他県卸」すなわち営業区域の拡大の方が大きな意味を持っている。

したがってこれ以降は、①テナントではなく直営の米販売店舗を増やし、米販売部門の効率化、数量の拡大を目指す量販店、②流通の各段階で事業を展開する総合商社、③営業区域を全国に拡大した大規模卸売業者、④川下主導の流通再編に対応する農協系統組織などが中心となって、コメ・ビジネスが展開されるのである。

4　コメ・ビジネスの現段階

(1)　消費者の米消費動向とコメ・ビジネス

食糧庁「食糧モニター調査結果」（各年次）によれば、米の購入先割合は一九九四年度で米穀専門店五〇％、スーパー三一％であったものが、九八年度にはスーパー三五％、米穀専門店二一％に逆転している（複数回答）。九九年度の調査からは最近の購入（譲受）先の単数回答になったので、単純に比較はできないが、二〇〇一年二月二五日～三月一五日の調査では、スーパーが二六％でトップになり、生産者から直接購入が二四％でそれにつづき、縁故米一九％、生協一一％で、米穀専門店は一〇％にとどまっている。その背景には、消費者の低価格志向が存在する。同じ調査によれば、購入米の価格帯（一〇キログラム）は、九五年度で五〇〇〇円～五五〇〇円が三〇％でトップ、次いで五五〇〇円～六〇〇〇円（二〇％）だったのが、年々下方へシフトし、〇一年度では三五〇〇円～四〇〇〇円が二四％でトップ、次いで、三〇〇〇円～三五〇〇円（二三％）、三〇〇〇円未満（二〇％）、四〇〇〇円～四五〇〇円（一四％）になっている。こうした消費者の購入行動の変化がコメ・ビジネスの方向性を規定している。

(2) 量販店主導のマーケティング・チャネルの形成

小売段階での競争の激化により、圧倒的な販売力をほこり、いわゆる「消費者ニーズ」を直接に把握、創造もする量販店のイニシァティヴが強化された。主な量販店は米の販売数量を増やし、上位四社の年間販売実績（推定）は、ダイエー八万トン、イオン六万八〇〇〇トン、イトーヨーカ堂四万二〇〇〇トン、西友三万一〇〇〇トンであり、中小規模の卸売業者を凌駕する。大手量販店の米の仕入・販売方法の特徴は以下のとおりである。[23]

量販店の米の販売スペースは限られているとともに、大量仕入によるスケール・メリットを実現するため、全店舗統一銘柄（産地＋品種）の販売による仕入銘柄の絞り込みを行っている。同時に、これまでおおむね都道府県ごとないしはブロックごとに納入する卸売業者が別々であったため、多くの卸売業者と取引せざるをえなかったが、卸売業者の営業区域の拡大により、集約化した少数の卸売業者による全国店舗納入が可能になった（表1-8）。

本部一括仕入、物流センター利用、他の加工食品との混載による配送の合理化とともに、いわゆる「中抜き」流通的傾向を強めつつある。多くの量販店は直接農協段階の産地指定や提携を行い、卸売業者（経済連も）は下

表 1-8　スーパー大手 4 グループの米事業の概要

系　列	店　名	商　圏	店舗数	主要納入卸	備　考
ダイエー	ダイエー	全国	295	神明，ミツハシ	
	マルエツ	首都圏	191	神明，ミツハシ，東京城南食糧	丸紅と提携
	セイフー	関東・甲信越・東海	57	神明，ミツハシ	
	東武ストア	東京・埼玉（東武沿線）	53	伊藤米穀，新潟ケンベイ，木徳神糧	丸紅・マルエツが株式取得
イトーヨーカ堂	イトーヨーカ堂	東日本	178	木徳神糧，千葉県食糧，パールライス東日本	
	ヨークベニマル	東北・関東	95	ライスピア，福島県経済連	イトーヨーカ堂が筆頭株主
	ヨークマート	埼玉・千葉	55	木徳神糧	
イオン	イオン	全国	362	食創，三多摩食糧，パールライス東日本，ヤマタネ，ミツハシ，神明，むらせ，千葉県食糧，丸三米穀	
	いなげや	三多摩中心	126	パールライス東日本，全農あきた	イオンが筆頭株主
	マイカル	東北・近畿	121	木徳神糧，神明，ミツハシ	経営破綻後にイオンが支援
西友	西友	首都圏中心	214	ヤマタネ，日本マタイ，神明	ウォルマート傘下
	サミット	東京中心	80	ヤマタネ，コプロ，パールライス東日本	住友商事の子会社
	マミーマート	埼玉中心	42	神明，西武米穀，埼玉北部米穀	住友商事が筆頭株主

資料：『米穀市況速報』2003 年 1 月 1 日付，9 ページ.

請的に物流・とう精を行うという関係も生じている。この場合、生産者との直接的提携や価格・数量も含めた契約生産などは、取引コストが高くつくとともに、低迷傾向を示す現在の価格条件下ではかえってマイナスに働く。契約生産や厳密な産地指定は価格変動とは相対的に切り離された特別な米についてのみ行う方がメリットがある。むしろ、スポット買いが可能となった現在では、一般的な銘柄の価格変動リスクは実際に値決めする卸売業者と産地に負ってもらい、価格・品質（食味等）を指定したプライベート・ブランド（PBと略）開発の方向に進んでいる。

消費者が購入する米の選択基準がブランドから価格を重視する方向にシフトしていることやホームセンターなど他業態のチェーン・ストアの低価格販売、あるいは生産者から消費者への直接販売の拡大により、量販店も価格競争にさらされている。そこで、量販店は、産地が前面に出るブランドではなく、低価格＋一定の品質を持ったいわゆる「値頃感」のあるPB米の商品開発に力を入れている。ただし、自ら設備投資を行い、精米工場を建設することはリスクが大きいので、納入卸売業者に対して価格・品質を指定し、原料としての玄米の仕入は卸売業者にまかせ、指定に見合うようなブレンド精米をPBとして要求する。その意味で、卸売業者は量販店の下請精米工場化しているとも言えよう。

この点に関して、全国米穀協会は一九九八年九月〜一〇月に「コメ卸と大型量販店との取引慣行調査」を行い、翌年八月に結果を公表したが、それによると、量販店が米の特売を行う際は七割の卸売業者がコスト割れで納入せざるをえない状況になっている。他にも、押し付け販売、協賛金等の負担、従業員等の派遣など独占禁止法が禁止している「優越的地位の乱用行為」が見られたことも明らかにしている。また、多頻度小口配送の一方的要求やPB商品も含めた返品などの問題が指摘されている(24)。

表 1-9　米流通における総合商社・スーパー・卸売業者の関係

総合商社	丸　紅	三菱商事	伊藤忠商事	住　友　商　事			三井物産
スーパー	ダイエー	イオン	イトーヨーカ堂	西　友	サミット	マミーマート	マイカル
卸売業者	神　明 ミツハシ 丸　紅 ・北海道中央食糧 ・城南食糧 ・千葉県食糧 ・愛知経済連 ・大阪第一食糧 ・福岡食販連 ・沖食商事 (注)	ミツハシ むらせ ナンブ 大和産業 新潟ケンベイ 十勝米穀 水晶米いわて 栃木中央食販 ミエライス 千葉県食糧 宮崎米商 佐賀県食糧 長崎米穀 ユアサ・フナショク	ホクレン 木　徳 神糧物産 千葉県食糧	ヤマタネ 日本マタイ ユアサ・フナショク 神　明	ヤマタネ 東京パールライス 共同仕入機構 AJS	西武米穀 埼玉北部米穀 神　明	ミツハシ 新潟ケンベイ 大阪第一食糧 神　明 ミエライス 広島東部 愛媛食糧 香川県食糧 木　徳 木徳九州

注：丸紅は北海道中央食糧など 7 業者がダイエーに納入する米を卸間売買を通じて供給している.
資料：『米穀市況速報』2000 年 1 月 1 日付，7 ページ，4 月 13 日付，3 ページ，20 日付，2 ページ.

(3)　総合商社のコメ・ビジネス

総合商社の中で、当初段階（一九九六年六月）から卸売業者登録を行ったのは丸紅だけで、他社は小売業者登録にとどまっていたが、九九年六月、一二月の登録で、住友商事、三菱商事、兼松、三井物産などが卸売業者登録を行い、主要総合商社が出揃った[25]。また、後の章で詳しく述べるが、最近では外食、中食、炊飯事業の取組みを強化している。総合商社による米事業は系列の食材・食品卸売業者、外食産業、食品加工産業への納入とともに、米流通ルートの各段階における業者及び産地を結びつけるオルガナイザーの役割を果たしている（表1-9）。また、他の卸売業者、大規模小売業者への資本参加も行っている（表1-10）。

表 1-10　総合商社の米流通事業の状況

商社名	登録卸売業者としての主要販売先	小売業の登録状況		他の卸売業者への資本参加	
		小売業者名	資本出資状況	卸売業者名	資本出資状況
丸　紅	ダイエー，マルエツ，丸紅食品，日産丸紅商事	ライスワールド	丸紅 80% 加ト吉 20%	福岡米穀 熊本パールライス	40% 14%
伊藤忠商事	ファミリーマート，伊藤忠食品，西野商事，タワーエンタープライズ，量和	コメ源	伊藤忠 25%	内外物産 北相米穀 佐賀県食糧 愛知米穀 伊藤忠ライス	49% 3% 3% 67% 90%
ニチメン	サンクス外食部門，ニチメン食糧	ニチメン食糧 ニチメン九州	ニチメン 100% ニチメン 100%		
トーメン	トーメン(小売部門)	トーメン	トーメン 100%	中部食糧	100%
三井物産		三井物産 三友食品 物産ライス	三井物産 100% 三井物産 100% 三井物産 55%	新潟ケンベイ 神糧物産 物産ライス	21% 3% 55%
日商岩井	東都生協	日商岩井 日商岩井食糧 日興商会	日商岩井 100% 日商岩井 95% 日商岩井 80%		
兼　松	タカシマ	兼　松	兼松 100%		
住友商事	住友商事(小売部門)，住友食品	住友商事 糧　販 九州糧販	住友商事 100% 住友商事 95% 住友商事 48%		
三菱商事	山崎製パン，サンデリカ，イオン，長崎屋	三菱商事	三菱商事 100%		

資料：『米穀市況速報』2000 年 1 月 1 日付，8 ページ，4 月 7 日付，4 ページ．

卸売業者として最も顕著な事業展開をしているのは、当初から卸売業者登録を行った丸紅で、ダイエーに納入する主力卸売業者になるとともに、同じくダイエーに納入する他の卸売業者（神明、ミツハシを除く）の分も併せて仕入れ、卸間売買を通じて供給している。他の総合商社も卸売業者登録と併せて、グループ内の卸売・小売を含む米関連業務の統合化を図り、徐々に業務を拡大しつつある。特定の量販店との結びつきの中で、丸紅と同様の方向に展開する可能性もあろう。

一方、海外業務、すなわち米輸入に関しては中心的な役割を果たしている。既存の卸売業者等と共同で海外産地を開発し、契約生産を進めている。こうした業務の拡大や一九九九年四月の米輸入の「関税化」により、今後のWTOでの交渉において、輸出国はMA米の拡大とともに関税の引き下げを要求するだろうが、国内からも商社や卸売業者を中心に同様の要求が強まってくることが危惧される。

(4) 既存業者の再編

以上のように、米流通における新たな主役が現れた中で、既存の業者も再編を余儀なくされた。[26] 取引先である大手量販店、外食産業が価格引き下げ要求を強める中で卸売業者の粗利益が低下していることに加え、大手量販店、外食産業が仕入先の集約化、「中抜き」流通、銘柄の絞り込みを行うことにより、卸売業者の二極分解が進行している。

有力産地との取引が少ない中小地方卸は大手量販店、外食産業の主たる仕入先から外され、廃業するもの、大規模卸売業者の傘下に入るもの、量販店や外食産業、食材・食品卸売業者などの下請精米工場に事実上なってしまったもの、などが相次いでいる。また、一般の中小米穀店が小売段階での競争激化により、経営危機に陥り、廃業するものが出ていることも地方の中小卸売業者の経営悪化に拍車をかけている。実際に、小売業者は一九九九八年一二月から九九年六月にかけて大幅に減少し、その後やや増加したが、二〇〇二年六月には一三万九四一〇（販売所数）まで激減している。卸売業者は〇〇年六月をピークに横ばいで推移していたが、小売業者と同様〇二年六月には三七七まで減少している。

他方、首都圏、近畿圏の大手卸は取引先である大手量販店、外食産業の事業展開に併せ、全国展開している。例えば、業界大手の神明は一九九九年六月の時点で全国四七都道府県すべてで卸売業者登録を行い、取扱数量三〇万トンを達成した。また、ともに大手卸売業者である木徳と神糧は二〇〇〇年一〇月に対等合併し（新社名は木徳神糧）、取扱数量三〇万トンを超え、業界最大手となったが、イトーヨーカ堂への販売割合が金額ベースで一四・七%、日本デリカフーズ協同組合への割合が一〇・五%になっている。[27]

また、合併、提携などの水平的統合化により、経営体質の強化を図る動きが現れているとともに、小売業者や卸売業者による共同仕入や卸売業者が小売業者の組織化をはかる動きも見られる。新規参入や大手量販店の銘柄絞り込みなどにより、有力銘柄の仕入れが難しくなっていることから、産地との結合を強化しようとする動きも見られる。逆に、販売先を拡大するために、産地の経済連が出資し、消費地に卸売業者を設立する動きもある。二〇〇〇年四月に岩手県経済連は津田物産と共同で、岩手米販売を目的とする「産地精米株式会社」を大阪に設立した。

他にも、多くは事協（事業協同組合）であった全糧連系統卸売業者の株式会社化や農協系統組織における卸売業務の分社化など、協同組合であるがゆえの制限（営業区域や員外利用など）を除去するとともに、総合商社をはじめとする他社からの資本参加を受け入れる動きが見受けられる。[28]

このような動向は、基本的には食管法末期からの継続であるが、同時期に見られたような、卸売業者自らのイニシアティヴの下で安定した流通ルート、秩序を個別的に形成し、流通チャネルの主導権を把握しようとする方向は崩れさり、大幅な規制緩和の下で、量販店や外食産業など大手実需者のイニシァティヴにより、再編が加速されたのである。ある意味では、食管法によってその地位が維持されていた卸売業者は、同法の廃止により、大手資本に従属ないしは依存せざるを得なくなったのである。

(5) 流通再編の性格と産地への影響

これまでに述べた流通再編の方向を簡単にまとめれば、直接エンドユーザー（消費者）に大量に販売する大手量販店、大手小売業者、外食産業などの大手実需者のイニシァティヴの下で、食材・食品卸売業者などの新規参入業者、卸売業者、経済連などの既存業者を併せた中間流通が再編されつつあるのが現状であろう。その際、大手総合商社は流通ルートの各段階の主体を結びつけ、垂直的統合化を図るオルガナイザーの役割を演じている。食管法末期との大きな違いは、商業資本化した卸売業者主導から大手資本主導の流通再編に変わったことである。

こうした流通再編と米価低迷という状況下で、産地及び生産者は、大規模生産者を中心に計画外流通米の出荷と販路の確保に向かっている。食糧庁「生産者の米穀現在高等調査結果」を基にした推計によれば、計画外流通米の生産量に対する割合は、二四％（一九九五年産）から徐々に拡大し、二〇〇一年産では三四％になっている。また、生産者の〇一年産計画外流通米の販売先の割合は、消費者五一％、その他業者二〇％、農協等一七％、小売業者一〇％、卸売業者一％となっており、大部分は流通段階の省略・経費の削減によって相対的に高い手取収入が得られる消費者に直接販売しているのであるが、同時に価格低下を大量販売によって補うことができるその他の業者（登録業者以外の業者）への販売も多いことがわかる[29]。しかし、これらの販売先は手取収入の増加を見込めるが、同時に代金回収がスムーズに行えない場合や取り込み詐欺などによるリスクも見込んでおかなければならない[30]。

このような生産者の動向は、農協にとって生産調整や集荷の確保にとって困難性をもたらす。そのため、農協系統組織は二〇〇〇年産米からの集荷・販売対策において、条件付きで計画外流通米の集荷・販売を行う方向を示し、〇〇年三月に開催された全農の臨時総代会でもその方向が承認された。実際に、生産者の〇二年産計画外流通米の販売先の割合の推計値では、消費者が四四％に減少し、農協等が二一％に増加している(31)。

以上のような流通再編の性格と産地での販売対応は、冒頭で述べたように、農産物（米）市場を通じた諸資本による「農家経済の包摂・支配と農民の諸市場への対応・対抗の関係」として把握できる。第二章、第三章では、この「農民の諸市場への対応」についてより詳しく検討する。

注

(1) 河相一成『食糧政策と食管制度』農山漁村文化協会、一九八七年、一七〜一八ページ。
(2) 佐伯尚美編『米流通システム―流通としての食管制度―』東京大学出版会、一九八六年、佐伯尚美『食管制度―変質と再編―』東京大学出版会、一九八七年。
(3) 三國英實「現代農業再編と農業市場問題の所在」三國英實・来間泰男編『日本農業の再編と市場問題』筑波書房、二〇〇一年、一五ページ。
(4) 滝澤昭義「現代資本主義と流通再編」滝澤昭義・細川允史編『流通再編と食料・農産物市場』筑波書房、二〇〇〇年、二〇ページ。
(5) 斉藤修「食品産業と農業の主体間関係と戦略的提携―フードシステムの革新方向」『農業と経済』第六六巻第九号、二〇〇〇年七月、五〜一三ページ。
(6)「食料・農業・農村基本法」第一七条。
(7)「日本農業市場学会」は前身の「農産物市場研究会」の時代も含め、「フードシステム学会」（前身は「フードシステム研究会」）よりもはるかに長い歴史を有するが、会員数において、短期間で後者は前者を凌駕するようになった。
(8) 日本農業市場学会二〇〇一年度大会シンポジウムにおける座長解題、三國英實・村田武「座長解題」『農業市場研究』

第一〇巻第二号、二〇〇一年一二月、二ページ。

(9) 川東竫弘『戦前日本の米価政策史研究』ミネルヴァ書房、一九九〇年。

(10) 河相一成『日本の米』新日本出版社、一九九四年、九〇～九一ページ、河相一成『食管制度と経済民主主義』新日本出版社、一九九〇年、七六～一二八ページ。

(11) この時期の規制緩和の詳細については、冬木勝仁「米市場再編と卸売業者」河相一成編著『米市場再編と食管制度』農林統計協会、一九九四年、五八～八五ページ。また、規制緩和と価格形成の関わりについては、冬木勝仁「米の価格形成と政府米の機能」日本農業市場学会編集『激変する食糧法下の米市場』筑波書房、一九九七年、八九～九〇ページを参照。

(12) この時期の卸売業者の再編の具体的動向については、冬木、前掲「米市場再編と卸売業者」、八五～九〇ページ、表3-6を参照。

(13) 卸売業者の多角化、外食・中食事業の展開については、同右、九〇～九二ページ、冬木勝仁「「米飯ビジネス」と食糧管理制度」『農業経済研究報告』第二七号、一九九四年四月、二七～四一ページ。また、大手資本のコメ関連ビジネスについては、冬木勝仁「新食糧法と米穀流通」『農業経済研究報告』第二八号、一九九五年四月、一一三～一二〇ページ。

(14) 卸売業者の性格の変化については、冬木、前掲「米市場再編と卸売業者」、九二～九六ページを参照。

(15) 卸売業者、財界による規制緩和要求と食糧法制定までの経過については、冬木、前掲「新食糧法と米穀流通」、一〇五～一〇八ページ。

(16) 冬木勝仁「WTO・食糧法体制下の米流通再編」『農業市場研究』第六巻第一号、一九九七年九月、一～三ページ。

(17) なお、それまで六月と一二月の二回（一九九七年までは六月のみ）であった卸・小売業者の登録期日が二〇〇〇年九月一日から通年登録に変更された。それに併せて、卸・小売登録の一元化も検討されており、より一層の資格要件の緩和が見込まれている。

(18) 一九九九年産からはパソコンを利用した在社入札システムが開始され、七〇社前後（九九年一一月段階）がこのシステムを利用している。また、これまで自主流通米入札取引の代金決済は自主流通法人（全農、全集連）が行っていたが、九九年八月に代金決済会社「㈱アグリネットサービス」（全農九〇%、農林中金一〇%出資）が設立され、全農から決済業務が移管された（業務開始は一〇月から）。全集連も同様に独自の新会社に業務を移管した。

(19) 食糧庁のまとめによれば、米卸売業者が一九九七年六月～九八年五月の間に仕入れた米の制度別割合は、全国平均で政府米九・八%、自主流通米七七・八%、計画外流通米一二・四%、東京だけをとってみれば計画外流通米が二四・七%になっている（『米穀市況速報』一九九九年一一月二六日付、一〇ページ）。なお、「多様な取引の場」については、冬木、前掲「米の価格形成と政府米の機能」、九〇〜九一ページ。

(20) 一九九九年九月には関西商品取引所において、米の先物市場実現に向けた検討を行うコメ検討委員会が開始された（『商経アドバイス』一九九九年九月三〇日付、四面）。

(21) 冬木、前掲「WTO・食糧法体制下の米流通再編」、八〜九ページ。業者数は、食糧庁「米麦輸入業者の有資格者名簿」各年版による。

(22) 冬木、前掲「WTO・食糧法体制下の米流通再編」、三ページ、冬木勝仁「コメ流通再編の方向」『農業と経済』第六二巻九号、一九九六年八月、四八〜五一ページ。

(23) 冬木、前掲「WTO・食糧法体制下の米流通再編」、三〜四ページ、冬木、前掲「コメ流通再編の方向」、五一〜五二ページ。なお、量販店の販売数量については、『米穀市況速報』二〇〇三年一月六日付、一〇〜一一ページを参照した。

(24) 『商経アドバイス』一九九九年八月二六日付、一、二面、三〇日付、三面。なお、こうした状況は中小の卸売業者に限ったことではない。量販店への納入を中心に業績を伸ばした業界最大手の神明やミツハシなども、最近時の決算では、売り上げは増加しても、低価格路線の影響から利益が減少する増収減益の状態になっている（『米穀市況速報』二〇〇〇年二月三日付、三ページ、二三日付、四ページ）。

(25) 冬木、前掲「WTO・食糧法体制下の米流通再編」、四〜五ページ、冬木、前掲「コメ流通再編の方向」、五三ページ。

(26) 卸売業者の再編の具体的動向については、冬木、前掲「WTO・食糧法体制下の米流通再編」、六ページの表3にまとめてある。

(27) 自主流通米価格形成センターが公表したところによれば、自主流通米の入札取引における上位一一社の大規模卸売業者の落札シェアは約四〇%にのぼっている（『米穀市況速報』二〇〇〇年五月一五日付、四ページ）。なお、神明の事例については『商経アドバイス』一九九九年七月一日付、四面、『米穀市況速報』一九九九年一二月一〇日付、三ページを参照した。また、木徳神糧の事例については『米穀市況速報』一九九九年一二月九日付、三ページ、二〇〇二年一一月二八日付、四ページを参照した。

(28) 全糧連は、傘下の卸売業者の株式会社化が進行していることから、株式会社が直接の構成員になれない事業協同組合連合会の組織から協同組合に移行することを一九九九年二月に決定するとともに（『商経アドバイス』一九九九年二月二五日付、一面）、二〇〇〇年一月には、もう一つの卸売業者団体である全米商連との間で団体を一本化する基本合意にいたった（『米穀市況速報』二〇〇〇年一月二五日付、二ページ）。そのもとで、食管法下で最大の全糧連系統卸売業者であった大阪第一食糧事業協同組合は株式会社化することを〇〇年一月に決定した（『米穀市況速報』二〇〇〇年二月三日付、三ページ）。また、農協系統組織ではすでに一七都府県で卸売業務を全農・経済連など系統組織が出資した別会社に移管しており、長野（マイパール長野）や佐賀（シー・ピー食糧）、熊本（熊本パールライス）などでは系統外からも出資を受けている。

(29) 食糧庁「生産段階における計画外流通米の販売等に関する調査」。

(30) 取り込み詐欺などの実態については、冬木勝仁「農家の直接販売とリスク管理」一～四（『全国農業新聞』一九九九年一〇月二二日付、九面、二九日付、九面、一一月五日付、九面、一二日付、七面）。

(31) 『米穀市況速報』二〇〇〇年三月二四日付、九ページ、四月三日付、三ページ、六日付、四ページ。

第二章　コメ・ビジネスと日本農業

1　日本農業の現段階――現在の事態をどう捉えるか――

日本農業の「危機的状況」が指摘されて久しいが、現在の事態はこれまでとは質的に異なる段階を迎えている。『図説　食料・農業・農村白書（平成一二年度版）』では「農業基本法から食料・農業・農村基本法へ」という特集を組み(1)、一九六〇年代から一〇年ごとに今日までの日本農業の状況を回顧しているが、そこで示されている諸指標が現段階の性格を物語っている。

食料自給率や農家戸数、農業就業人口、耕地面積などは一九六〇年度以来、一貫して低下しているのであるが、農業生産指数や農産物価格指数は少なくとも九〇年度までは上昇していた。しかし、九〇年度から二〇〇〇年度にかけては、これらの指数も低下しているのである。また、これまで供給熱量が増加する下で輸入農産物が増加し、食料自給率が低下してきたのであるが、九〇年度から〇〇年度にかけては供給熱量が減少したにもかかわらず、食料自給率が低下しているのである。つまり、現在の事態はこれまでとは異なる日本農業の「絶対的」縮小段階と言わざるをえないのである。

別の言い方をすれば、現在進められている全般的な経済構造再編の一環として、諸産業部門の中で「比較劣位」部門と見なされている農業の縮小・再編が進められているのである。また、農業部門内では「生き残る」経営とそれ以外との選別が行われようとしており、その手法として規制緩和・市場原理の活用が進められているのである。

前章では規制緩和によるコメ・ビジネスの進展について述べたが、その下で生じた米価の低迷が日本農業の大宗を占める稲作経営に困難な状況をもたらしている。そこで、本章では米価の現状をより詳しく検討するとともに、二〇〇〇年農業センサス結果を用いて、稲作経営の実態を示し、打開の糸口を可能な限り探り出したい。また、第一章の最後で述べたように、「農産物（米）市場」における米価低迷という事態への「農民の対応・対抗」の一形態としての販売戦略についても検討する。

2　米価の現状と背景

(1)　食糧法下における政府米の役割の変容

戦後すぐの食管法下では価格形成に重要な役割を果たした政府米は食糧法下で全く変質している。食管法下で政府米価格は本来、条文に示された通り、「米穀ノ再生産ヲ確保スル」ため、生産者の生産費と所得を補償するものとして位置づけられていたが、自主流通米制度導入以降は、自主流通米価格の「下支え」機能を有していた。しかし、食糧法下では政府米価格については「自主流通米の価格の動向その他の米穀の需要及び供給の動向を反映させる」（食糧法第五九条）と定められ、制度的に性格が変容した。

実際に、政府買入米価の算定方式が変わり、食管法の第二次生産費を一応は踏まえた方式から、第二次生産費と自主流通米入札結果を加味したものになった。具体的には、基準価格×（自主流通米価格の変動率×〇・五十生産コスト等の変動率×〇・五）という式で算定される。(2) この方式では、当然のことながら、自主流通米価格が低下している下で政府米価格も下がらざるを得ない。このことからして、「生産費所得補償」はおろか「下支え」の機能すら果たさない。

また、食糧法において、政府米は基本的に備蓄米として位置づけられ、一年間は自主流通米と切り離され、政府の直接管理下に置かれる。この点からも「市場」で取引されている米（自主流通米、計画外流通米）の「下支え」機能を持たないのであるが、実際には逆の結果になってしまっている。つまり、一年後に古米として売却される政府米が自主流通米の価格引き下げや売れ残りの要因になってしまっているのである。

最も最悪の影響を及ぼしたのは、一九九七年四月からの政府米売却である。その背景となったのは、いうまでもなく政府米の過剰在庫である。食糧法施行後、最初の米穀年度である九六米穀年度末（九六年一〇月三一日）の政府米の持越在庫量は、九四年産も含め、二五五万トン（自主流通米は三九万トン）であった。つまり、九六年産が出回り始めようという時期になっても、九四年産が売れ残り、古々米となっていた。そこで、九六年一〇月八日に食糧庁は第一回目の九四年産政府米の「弾力的売却」（入札方式）を行ったが、最低価格が設定されており、売れ行きは不振であった。その後も一〇月二四日、九七年二月一三日に行われ、四月からは毎月行われることになった。(3)

また、一九九五年産（古米）についても、前倒しで九六年一〇月から売却を開始し、九七年五月以降は九四年産と同様の弾力的売却を毎月行った。加えて、九七年四月からは、本来は回転備蓄であったはずの九六年産（新米）も古米、古々米と抱き合わせで売却しはじめたのである。

古々米、古米にせよ、新米にせよ、政府米売却は「全銘柄を卸売業者に対して提示して」行われたため、自主流通米価格に大きな影響を及ぼした。とりわけ一九九六年産については出回っている自主流通米と変わりがなく、古米、古々米の処理のためとはいえ、食糧庁がダンピング販売しているようなものであり、自主流通米の入札に大きな影響（落札残や価格の下限張り付き）を及ぼした。(4) 二〇〇三米穀年度（〇二年一一月～〇三年一〇月）からは、銘柄のメニュー提示は、政府米売却の長期安定取引に限定され、備蓄米の前倒し販売という事態にもなっていないが、それでも自主流通米等の「市場」価格に何らかの影響を及ぼしている。

以上のように、食糧法下では政府米価格は自主流通米価格の「下支え」にもなっていないばかりか、売り渡しの方法次第では「市場」で供給過剰を引き起こし、自主流通米価格引き下げの要因にもなりかねないのである。その背景には、業者間の取引において、米の制度上の区分（政府米、自主流通米、計画外流通米）が希薄になっているという実態がある。そこで、以下では食糧法下における「市場」の様相について示すことにする。

(2) 価格形成の多様化

前述したように、食糧法では自主流通米が主体であるが、政府の管理下に置かれない計画外流通米も実際の取引の中ではいまや大きな位置を占めている。また、第一章で述べたように、食糧法に基づく新しい業者制度の導入に伴い、米流通業界が再編され、競争が激化する中で、自主流通米と計画外流通米の垣根が低くなっており、両者を一体として取引するなど価格形成を行う場が多様化してきている。

食糧法で条文化された(A)「自主流通米価格形成センター」での価格形成に加え、計画外流通によりかつての「自由米」が法認されたことから、(B)旧「自由米」市場も存続し、一部の卸売業者は常設の米セリ取引市場を開設した。また、食管法下の旧制度でも認められていた(C)卸間売買において、卸売業者団体は席上取引に新方式を導入した。加えて、新制度では(D)小売間売買も認められているため、ここでも独自の価格形成がなされている。さらに、卸売業者による小売業者を対象にした(E)「現物取引会」や「蔵前販売」が恒常化している。

(A)を除く「市場」では旧制度では法認されていなかった「自由米」が計画外流通米として一緒に取引され、自主流通米と計画外流通米の垣根がほぼなくなり、両者の価格が直接連動するようになっている。また、前述したように政府米売却がこれらの「市場」における価格形成に影響を及ぼしており、米の流通制度上の区分があいまいになってきたことを示している。このように販売業者間での価格形成はもはや「自由市場」の様相を呈し、その価格が(A)を媒介し、生産者価格に反映することになる。この「自由市場」での価格形成はそれぞれ別個に行われ、取引数量もまちまちであるため、売り手による「希望価格」の提示など多少なりとも「規制」が働く(A)とは異なり、短期的、局地的な需給状況次第で米価がかなり変動する。[5] 逆に言えば、この「自由市場」で形成された「値頃感」が「希望価格」より下にある場合、落札残が生じ、反対の場合、落札銘柄の「自由市場」での転売による「利ザヤ」が生じるのである。したがって、問題はこの「自由市場」での価格形成のイニシァティヴを誰が握っているのか、であるが、その点については後述する。

(3) 自主流通米価格の現状

図2-1に示したように、米価全体の値動きを表す自主流通米指標価格（年間を通じた全銘柄の落札価格の加重平均）は、一九九八年産が一時的に上昇したものの、毎年六〇キログラム当たり概ね一〇〇〇円程度下落している。若干上向いたかに見えた九八年産も年間の値動き（図2-2）を見ると、相対的に高値がついていたのは出来秋だけで、年間価格差は六〇キログラム当たり概ね四〇〇〇円程度開いている。こうした事態に対して、政府および全農はたびたび米価対策を行ってきたが、[6] 効果は一時的なものにとどまっている。

こうした全体的な米価の低下傾向とともに、米の銘柄（産地・品種）によって価格が異なる、いわゆる銘柄間格差の状況が生産者、農協にとって大きな意味を持っている。図2-3は二〇〇〇年産の自主流通米指標価格

図 2-1　自主流通米指標価格の推移（全銘柄加重平均）

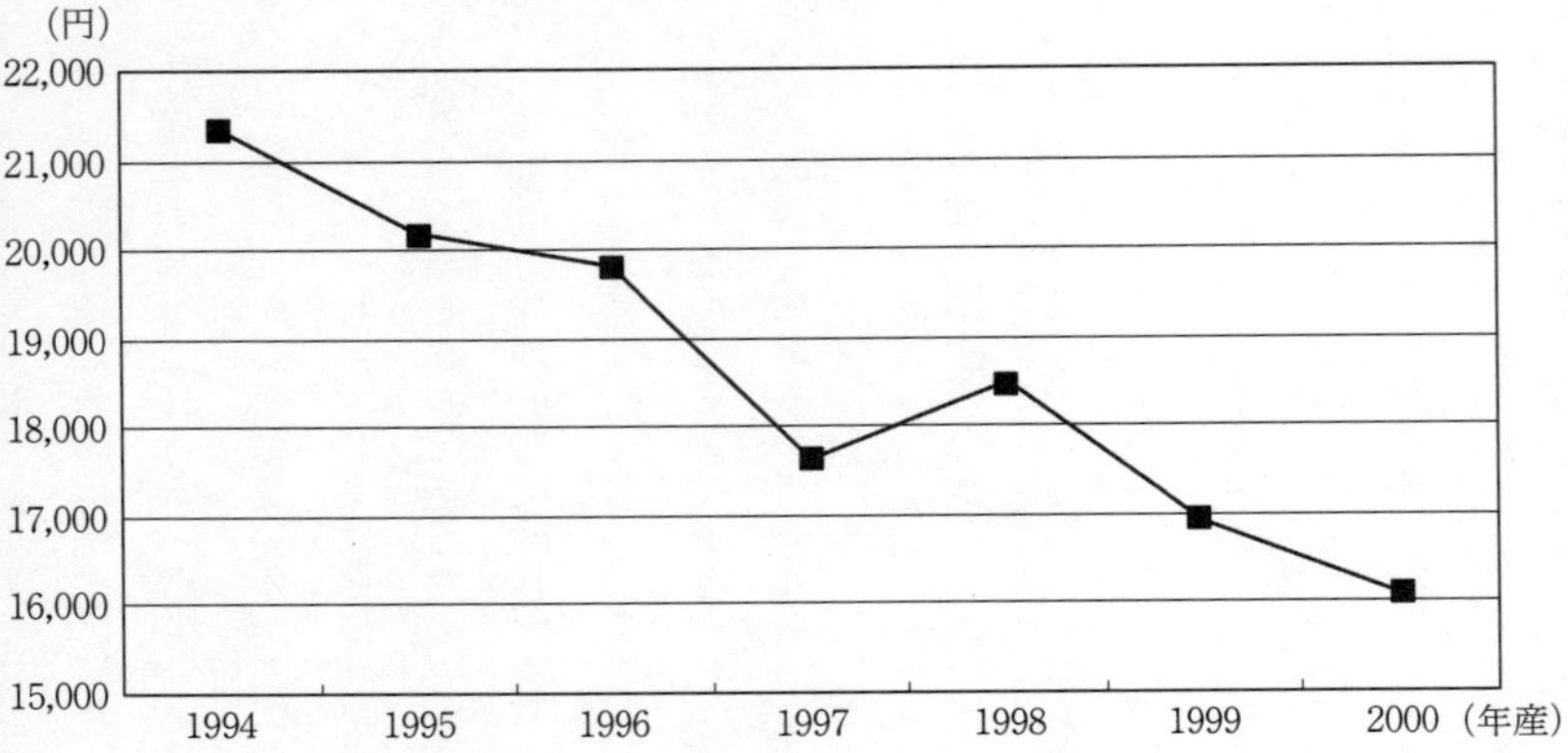

資料：自主流通米価格形成センター.

図 2-2　自主流通米指標価格の推移（全銘柄加重平均）

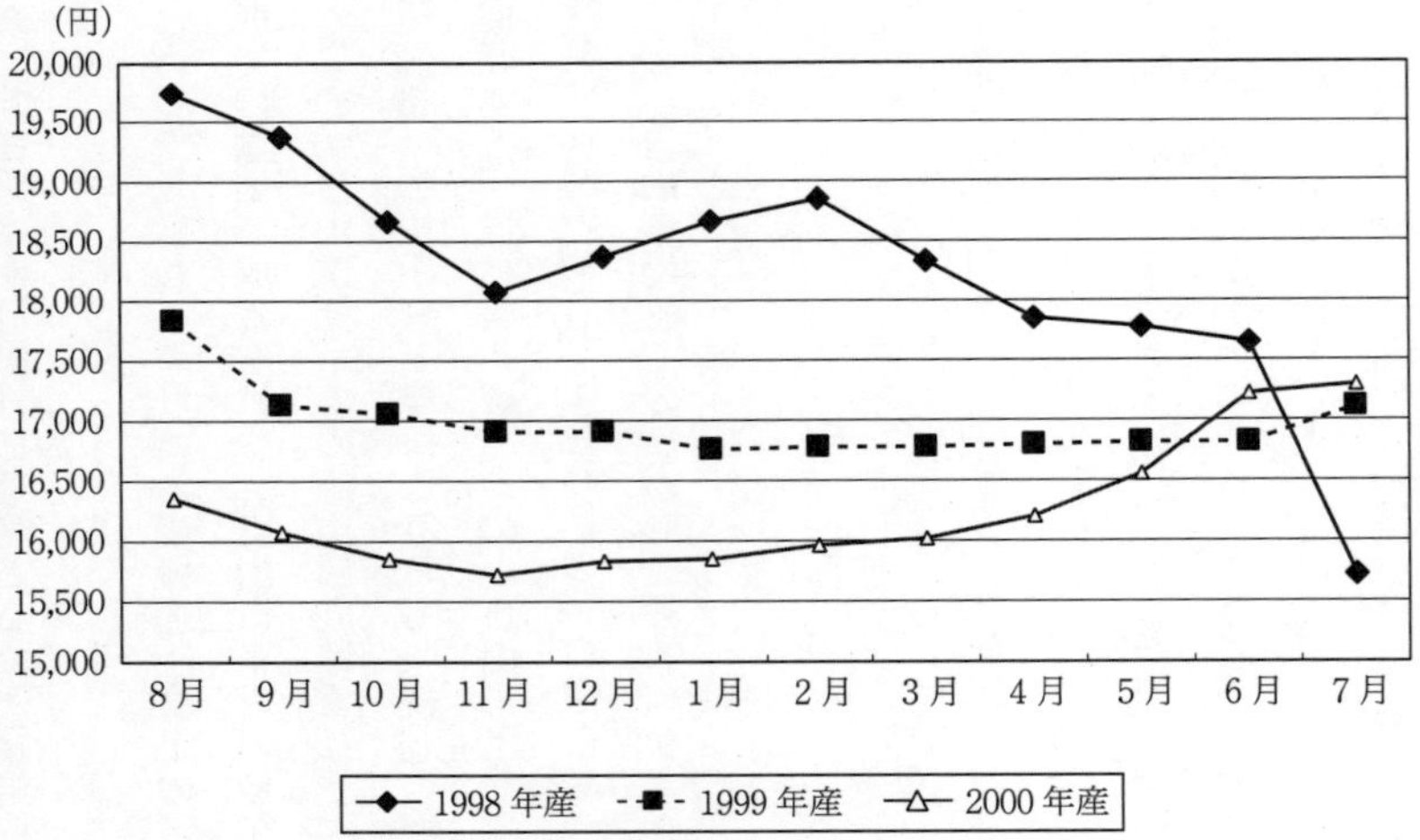

資料：図 2-1 に同じ.

図 2-3　2000 年産自主流通米指標価格の推移（銘柄別）

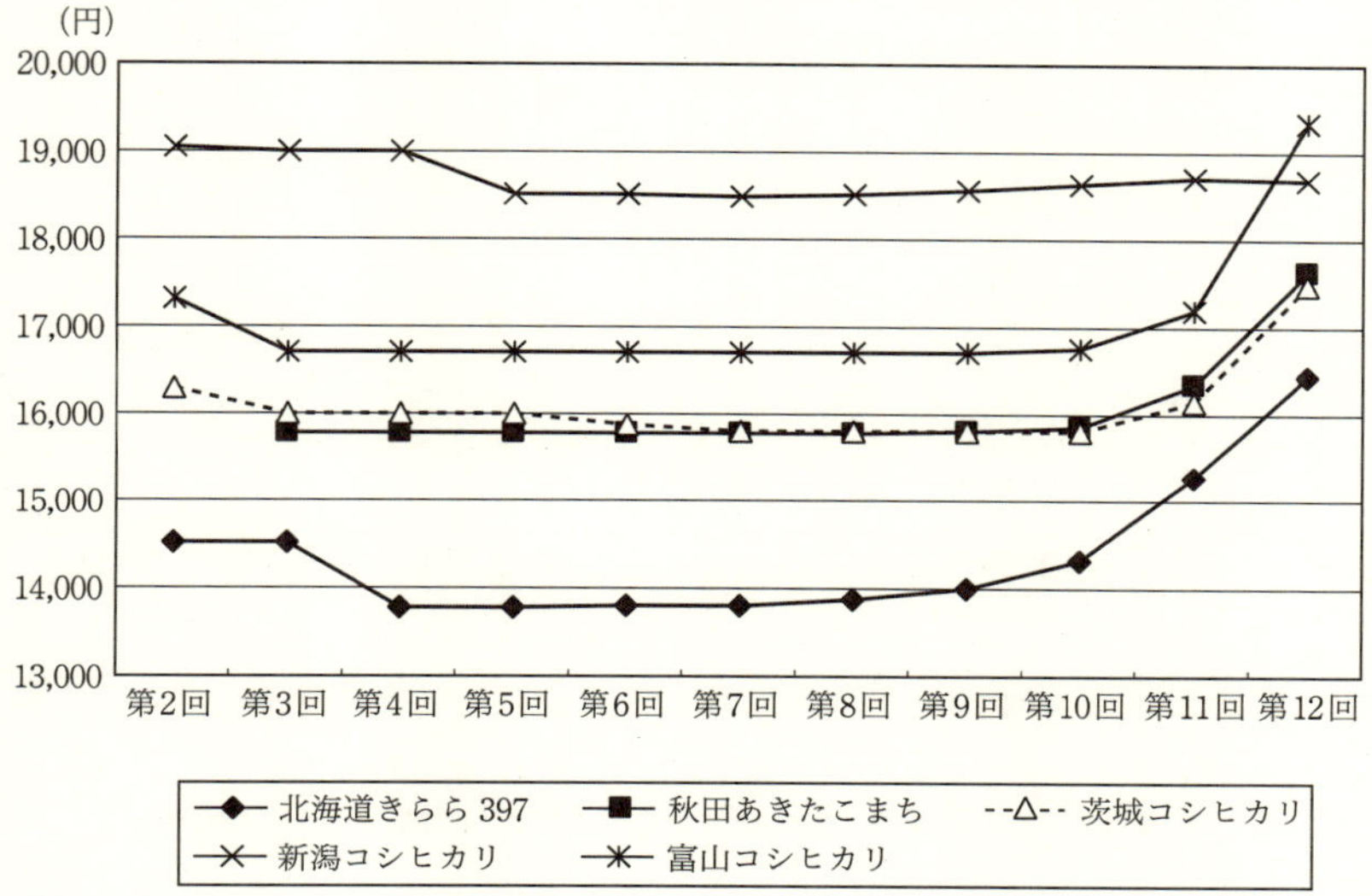

資料：図 2-1 に同じ.

（銘柄毎にそれぞれの回の入札取引での落札価格を加重平均したもの）の値動きをいくつかの銘柄をとりあげて示したものである。年間を通じて変動しているが、概ね三つの価格帯に分けられる。なかには図2-4に示した「魚沼コシヒカリ」のように、他の銘柄とは全く異なる高価格帯で取引されるものもある。三つの価格帯に分かれるとはいっても、多くの銘柄は中位の価格帯に属している。以前はこの価格帯がもう少し分かれており、富山や石川など北陸産のコシヒカリなどは中位よりもやや上のランクに属していたが、現段階では他の銘柄より若干高くなっているものの、それほどの格差があるわけではない。むしろ、新潟コシヒカリとさらにそれを地域区分上場した銘柄（魚沼、岩船、佐渡コシヒカリ）など特定の高価格帯の銘柄と業務用中心の低価格帯の銘柄（きらら三九七など北海道産米など）を除く多くの銘柄の価格は収斂し、全体として低下しているといえよう。

以前は銘柄間格差の細分化が産地の序列化をもた

図 2-4　魚沼コシヒカリの指標価格（2000 年産）

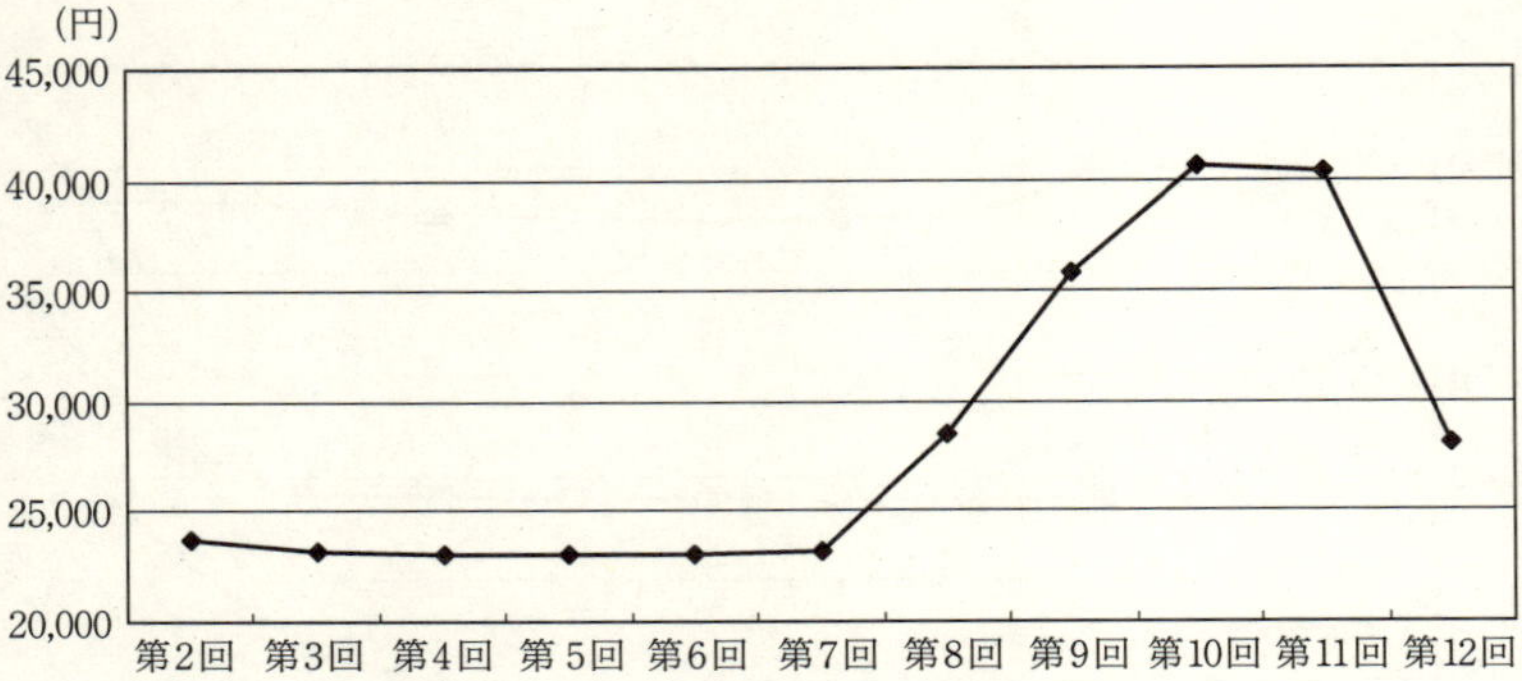

資料：図 2-1 に同じ.

図 2-5　ひとめぼれとあきたこまちの指標価格（2000 年産）

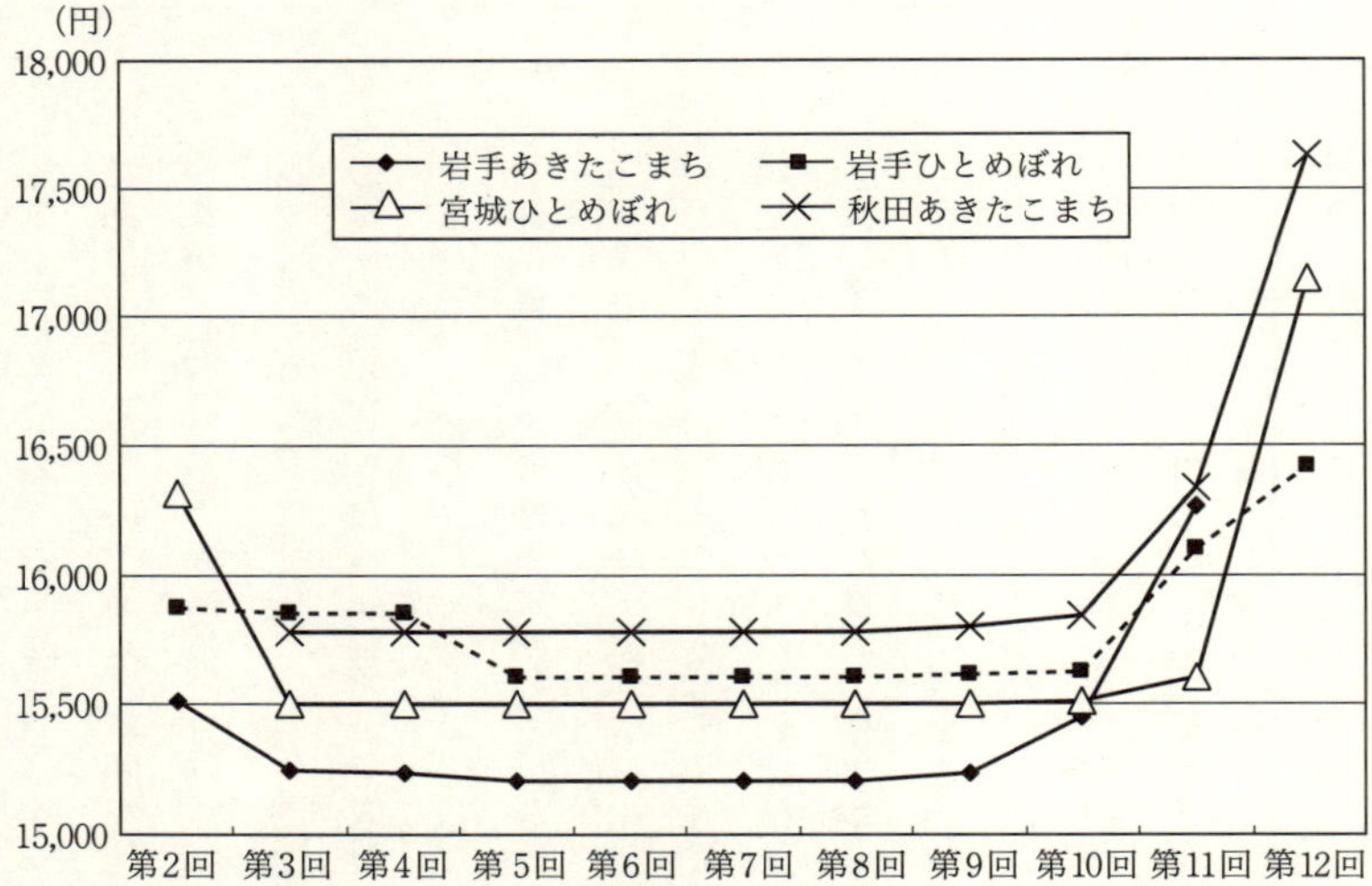

資料：図 2-1 に同じ.

らし、産地間競争を煽ることになっていたが、現段階では特定の高位、低位価格の銘柄を除き、ほぼ同一の価格帯の中での競争が繰り広げられている。つまり、以前は少なくとも「有利販売」をめぐる産地間競争であったと言えるが、現段階では言わば「生き残り」をかけた熾烈な産地間競争であり、農協系統共販体制にとって好ましくない状況が作り上げられている。

特に競合が激しい東北の銘柄に関しては、図2-5に示したように、出来秋から一年間で順位が入れ代わっており、代替関係がみてとれる。興味深い点は、①最初の入札では価格差が六〇キログラム当たり八〇〇円弱開いていたが、当該年内には六〇〇円弱に縮まり、順位が入れ代わる四月には四〇〇円弱になっている点、②品種別では、最初はひとめぼれが高く、あきたこまちが低かったが、最後には逆転している点、③同一品種内では、ひとめぼれで最初は宮城が高く(価格差五〇〇円弱)、その後宮城の価格引き下げで岩手と順位が入れ代わりつつも当該年内には価格差は一〇〇円程度になり、最後にはまた順位が逆転する(価格差七〇〇円強)点、④あきたこまちでは秋田と岩手の順位はずっと変わらず、概ね六〇〇円程度の価格差がついているが、最終盤には価格差が縮まり、最終的には殆ど変わらなくなっている点、などである。

同じことを時系列的に表現すれば以下のようになろう。まだ収穫・集荷の状況が正確にはわからない八月末(第二回入札、東北の銘柄にとっては最初の入札)の時点では、産地側の様々な取り組み(いわゆる「希望価格」の申出も含めて)や前年産の状況などを反映して、宮城ひとめぼれが相対的に高価格になったが、収穫状況がほぼ判明する九月末(第三回入札)には価格が下方修正される(「希望価格」も含めて)。岩手ひとめぼれはしばらく最初の入札時の価格を維持していたが、宮城ひとめぼれの価格引き下げに引きずられて年内には下方修正され、価格差がなくなる。岩手あきたこまちは秋田産がまだ上場されない最初の入札では若干高めの価格に設定されたが、秋田産が上場される第三回(九月二九日)以降は値を下げ、秋田あきたこまちと岩手あきたこまちの価格差が確定する。以上のような出来秋の値動きの結果、年内（第五回入札、一一月二八日）には当該年産の「需給実勢」に見合った順位、価格差が確定し、その後しばらく、第九回（三月二七日）まではほぼそのままの価格と順位で推移する。四月（第一〇回入札）以降には、「買い手」である販売業者（卸売業者、小売業者）の多くが新しい事業年度に入り、当該年度の事業計画が確定するとともに、「買い手」と「売り手」双方の在庫状況と次年産の作付状況がほぼ判明するので、再び価格と順位が変動し、秋田あきたこまちの値上がりにつられ、岩手あきたこまちも価格が上がり、ほぼ同一の価格水準になる。ひとめぼれでは岩手産の値上がりが先行し、それにつれて宮城産も価格が上がる。

(4) 需給実勢の内実

以上のような銘柄別の値動きが何を意味しているのか、正確に指摘することは難しいが、こうした状況が生じる条件は「需給実勢」が反映される現在の自主流通米入札制度である。本来「需給実勢」は「需要者側の事情」と「供給者側の事情」が相まって形成されるものであるが、米の場合、「供給者側の事情」の基礎である生産量や品質（一等米比率など）などは出来秋に確定してしまい、その後の集荷状況（集荷率など）や保管状況（カントリー・エレベーターや低温倉庫での保管など）については努力する余地があるものの、次年産までは概ね確定された条件下で取引に臨まなければならない。とりわけ需要が拡大せず、供給が恒常的に過剰状態にある下では、もっぱら「需要者側の事情」が「需給実勢」に反映する。

供給者側である産地が、品種の選択、収量や品質の向上など本来的な意味での努力を行い、米の「商品」としての「価値」を高めることが可能なのは作付から収穫までの生産段階であり、産地間競争も生産段階での努力を競うのが本来の姿であろう。しかし、現在では販売段階での「産地間競争」の方が激しくなっているように見受

表 2-1　2000 年産自主流通米入札における落札残と価格の関係

（単位：円/60 kg）

産地	品種	第3回(9月29日)指標価格①	第3回落札率(%)	10月上旬の卸間売買価格	10月下旬の卸間売買価格②	第4回(10月27日)指標価格③	第4回落札率(%)	対比②/①(%)	対比③/①(%)
北海道	きらら397	14,513	0.75	14,350	13,950	13,789	74.8	96.1	95.0
岩手	あきたこまち	15,249	100.00	15,300	15,200	15,233	100.0	99.7	99.9
岩手	ひとめぼれ	15,857	100.00	15,450	15,050	15,855	100.0	94.9	100.0
宮城	ひとめぼれ	15,500	56.84	15,450	15,050	15,500	71.9	97.1	100.0
秋田	あきたこまち	15,785	86.57	15,300	15,200	15,778	66.6	96.3	100.0
庄内	はえぬき	15,700	41.46	15,650	15,050	15,652	100.0	95.9	99.7
茨城	コシヒカリ	16,001	56.19	15,850	15,900	16,000	66.2	99.4	100.0
栃木	コシヒカリ	16,002	83.33	15,850	15,900	16,000	89.9	99.4	100.0
新潟(一般)	コシヒカリ	19,002	71.92	19,000	18,950	19,001	78.3	99.7	100.0
新潟(魚沼)	コシヒカリ	23,162	100.00	23,300	23,100	23,091	100.0	99.7	99.7
富山	コシヒカリ	16,714	100.00	16,350	16,450	16,709	100.0	98.4	100.0

資料：自主流通米価格形成センター，自主流通情報センター，米情報委員会.

けられる。基礎的な条件（生産量、品質など）が確定した下で繰り広げられる競争は過当で歪なものにならざるを得ず、出来秋と端境期の価格と順位の変動はそれを表している。つまり、新米の「売り込み」時期には当該年産の序列をかけた産地間競争が、次年産の収穫をひかえた「売り切り」時期には「売れ残り」防止をかけた産地間競争が組織され、それが「買い手」側によって巧みに利用されているのである。

そうした「需給実勢」価格についてさらに検討しておこう。表2-1は出来秋の自主流通米入札指標価格と卸間売買価格を比較したものである。一九九八年産以降の自主流通米入札制度では、「売り手」は銘柄毎に「希望価格」の申出を行うことができ、平均落札価格が申出価格と一致するところまで落札することになっている。つまり、価格低下が予想される場合は、相当低い価格で応札する「買い手」が多くいたとしても、平均落札価格は「希望価格」を下回ることはなく、落札価格を加重平均した指標価格の低下に対する一応の歯止めとなっている。

しかしながら、その「希望価格」が「需給実勢」を反映していないと「買い手」が判断した場合、いわゆる「落札残」、すなわち売れ残りが生じ、卸売業者間の取引では指標価格と乖離した価格で取引される。その結果、次回入札時の「希望価格」は下げざるを得ず、結果として指標価格も低下する。表2-1で示されているように、第三回入札で落札残が生じたにもかかわらず、第四回入札の指標価格が変わっていないことから、「希望価格」を引き下げなかったと見られる宮城ひとめぼれ、秋田あきたこまち、茨城コシヒカリ、栃木コシヒカリ、新潟（一般）コシヒカリなどは第四回入札でも落札残が生じているのである。結局のところ、「需給実勢」価格とは卸売業者間の取引価格と、流通段階のさらに「川下」に存在する「実需者」（量販店、外食産業など）の事情を反映した「値頃感」にみあった価格なのである。(7)

(5) 米価の背景

最後に、こうした米価の現状をもたらした背景について述べておきたい。それは言うまでもなく食糧法に基づく米流通の規制緩和とその結果生じた様々な事態である。この点については、第一章で詳しく検討しているので、本章で詳細に述べることはしないが、特徴を簡単にまとめれば、①米流通への参入規制の緩和による大手資本の本格的参入、②取引方法・流通ルートの「自由化」による卸売業者も含めた「川下」側の需給調整機能の獲得、③価格形成の多様化による「需給実勢」価格形成機能の強化、ということである。さらに、④恒常的に米が輸入され、輸入商社と卸売業者による輸入米流通と国産米流通の一元化が実現されていることも一因である。

また、こうした現状に対する産地側の対応、とりわけ農協系統共販のあり方も良かったとは言えない。全体とは言わないが、多くの農協系統組織が「川下」側によって組織された販売段階での「産地間競争」に乗ってしまい（というよりも乗らざるをえなかった）、過当で歪な競争を繰り広げてしまっているのではなかろうか。卸売業者や「実需者」の顔色を窺い、過剰な対応に追われ、本当の実需者である消費者の顔が見えていないのではなかろうか。もっとも、量販店や外食産業などが積極的に展開する宣伝その他の販売戦略によって、消費者意識、消費動向が左右される側面もあり、そのことが当該業者らを需要動向を規定する「実需者」たらしめているのであるが、産地側はそのことを十分認識して、対応しているのであろうか。

後述するような、計画外流通米の拡大とそのほぼ半数が消費者に直接販売されているという事実、またそのことが「実需者」たる量販店の販売動向に影響を及ぼしていると推測される事実は、本当の実需者が消費者であり、そうした消費者と協力した取り組みが求められていることを示しているのではなかろうか。そのためには、大量販売が見込める「実需者」への販売を念頭に置いた販売戦略や「売れ残り」を恐れた「売り急ぎ」など販売段階での過当で歪な「産地間競争」や短期的な価格動向で生産対策を考える傾向から脱することが必要である。「商品」としての米の品質を高めるとともに、地域の環境、景観や文化、教育、社会、その他諸々の生活の質を高めるために、生産行為自体の質を高める生産段階での産地間競争と協同、消費者との切磋琢磨と協同が求められているのではなかろうか。

3　二〇〇〇年センサスに見る稲作経営像

(1)　稲作経営の縮小傾向

前節で述べた米価の状況の下で、稲作経営はどのような状況になっているのであろうか。ここでは『二〇〇〇年世界農林業センサス結果概要Ⅰ』を用い、[8]稲作経営の実像について検討する。

表2-2は経営組織別に農家数の推移を示したものである。全体として販売農家戸数は減少傾向にあるが、稲作単一経営だけで見ると、一九九〇年から九五年にかけてはむしろ増加している。これは九三～九四年にかけての米不足が影響していると思われる。しかし、九五年から二〇〇〇年にかけてはその増加分を大きく上回る形で

表 2-2　農業経営組織別農家数の推移（全国，販売農家）

（単位：千戸，％）

区分		販売農家数	単一経営							準単一複合経営	複合経営
				稲作	麦類作	施設野菜	花き・花木	酪農	肉用牛		
実数	1990 年	2,793	1,965	1,365	14	—	—	37	35	630	198
	1995 年	2,488	1,903	1,376	4	44	40	29	27	461	124
	2000 年	2,155	1,668	1,170	5	51	38	24	28	382	105
構成比	1990 年	100.0	70.4	48.9	0.5	—	—	1.3	1.2	22.6	7.1
	1995 年	100.0	76.5	55.3	0.2	1.8	1.6	1.2	1.1	18.5	5.0
	2000 年	100.0	77.4	54.3	0.2	2.4	1.8	1.1	1.3	17.7	4.9

資料：農林水産省統計情報部『2000 年世界農林業センサス結果概要 I』.

表 2-3　専兼別・主副業別農家戸数

（単位：千戸）

	1995 年	2000 年
専業農家	428	426
第 1 種兼業農家	498	350
第 2 種兼業農家	1,725	1,561
主業農家	678	500
準主業農家	695	599
副業的農家	1,279	1,237

資料：表 2-2 に同じ.

減少しており、販売農家全体の減少の大部分を占めている。これは言うまでもなく米価の低迷が原因である。その結果、販売農家戸数に占める構成比も低下している。かといって、稲作も含んだ複合的な経営が増加しているのではなく、準単一複合経営、複合経営ともに戸数、構成比ともに低下している。要するに、販売農家数で見る限り、稲作以外の施設野菜などの単一経営だけが増加したのであり、稲作経営は全体として減少しているのである。

　図2-6は稲作単一経営と施設野菜単一経営の主副業農家数の構成比を示したものである。この図から明らかなように、稲作経営は圧倒的に「副業的農家」であり、「主業農家」、つまり農業所得が主（五〇％以上）で、六五歳未満の農業従事六〇日以上の者がいる農家は少数派である。要するに、稲作では生活費を賄うだけの所得が得られず、「食っていけない」状態であり、家族内の基幹的労働力は他産業に従事しているのである。

　別の視角から検討しておこう。表2-3は、販売農家の専兼別割合と主副業別割合を比較したものである。一九九五年から二〇〇〇年にかけて、全体として農家戸数が減少しているものの、兼業農家の方が減少率が大きいため、専業農家の割合が上昇している。一方、主副業別では、主業農家戸数が大幅に減少し、副業的農家の割合が上昇している。農家所得に占める農業所得の割合だけで区分した専兼別割合と、それに基幹的労働力の有無を加味して区分した主副業別割合とのギャップが示しているのは、高齢者だけの専業農家の存在である。図２‐７に示したように、二〇〇〇年では農業経営者の四割近くが六五歳以上の高齢者なのであるが、表２‐３の指標と併せて考えれば、その中には後継者と目される基幹的労働力が農業従事はおろか、他出してしまって家にもいないという高齢者だけで営まれている「専業農家」が多く含まれているのである。

図 2-6　稲作単一経営と施設野菜単一経営の主副業別割合（2000 年）

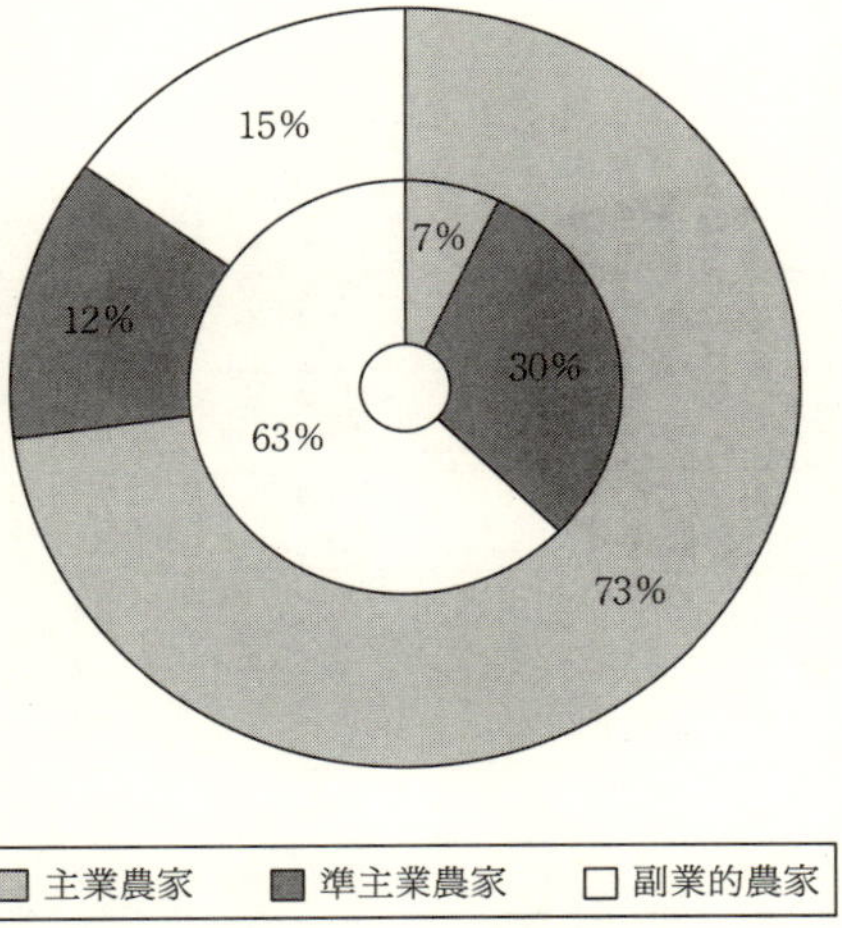

注：外側の円グラフが稲作単一経営，内側の円グラフが施設野菜単一経営．
資料：表 2-2 に同じ．

図 2-7　農業経営者の年齢構成（2000 年，販売農家）

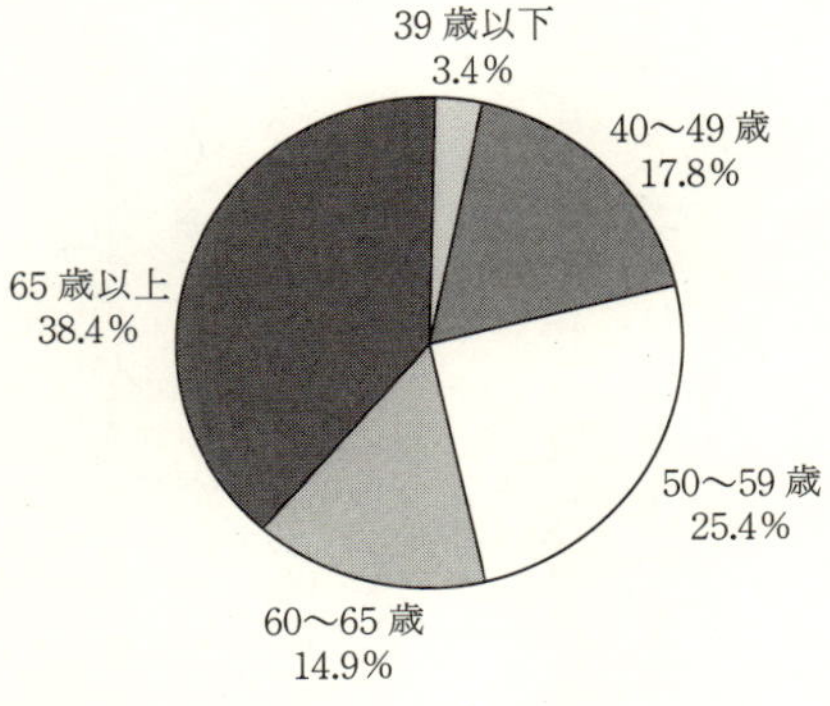

資料：表 2-2 に同じ．

図 2-8　経営耕地規模別農家数の増減率（1995 年→ 2000 年，都府県，販売農家）

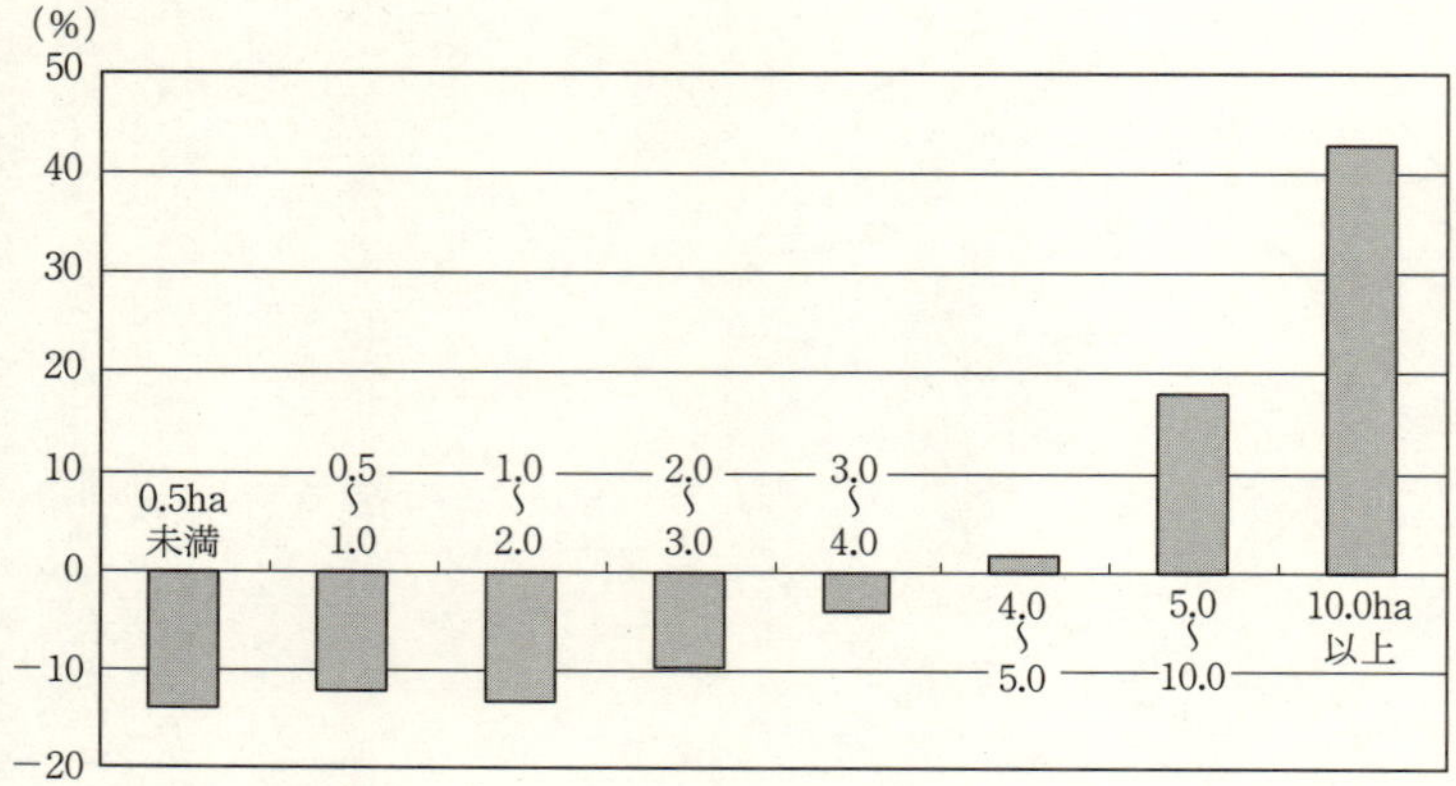

資料：表 2-2 に同じ．

(2)　上層農家の実情

こうした農業縮小傾向を示す指標がある一方で、図2-8に示したように比較的大規模な経営が引き続き増加しているという指標もある。この規模拡大には、積極的に経営を伸ばそうというものも、担い手のいなくなった地域の農地を引き受けるといったものもあろうが、ここではそうした理由は問題ではない。ここで問題にしたいのは規模拡大を行った結果である。常識的に考えれば、規模拡大することで生産量が増加し、販売額も増加して然るべきであるが、必ずしもそのようにはなっていない。表2-4で示した販売金額別の農家戸数を見れば、一九九〇年から九五年にかけては大規模農家の増加に伴い、販売金額一〇〇〇万円以上の農家戸数だけが増加していたが、同じように大規模農家が増加した九五年から二〇〇〇年にかけては販売金額一〇〇〇万円以上の農家戸数は減少に転じ、五〇万円未満及び販売なしの農家戸数のみが増加している。

規模拡大と販売金額とのギャップは、言うまでもなく農産物価格の低下が原因である。このことから想像しうる多くの日本の上層農家の実態は、所得の確保を目指し、必死

表 2-4　販売金額規模別農家数の構成割合の推移（全国，販売農家）

（単位：千戸，%）

区分		計	販売なし	50万円未満	50～100万円	100～300万円	300～500万円	500～1000万円	1000万円以上
実数	1990年	2,971	177	878	558	799	227	199	133
	1995年	2,651	164	746	523	653	204	198	164
	2000年	2,337	182	751	441	506	150	159	148
構成比	1990年	100.0	6.0	29.5	18.8	26.9	7.6	6.7	4.5
	1995年	100.0	6.2	28.1	19.7	24.6	7.7	7.5	6.2
	2000年	100.0	7.8	32.1	18.9	21.7	6.4	6.8	6.3
増減率	95年/90年	−10.7	−7.6	−15.0	−6.2	−18.2	−10.3	−0.5	23.4
	00年/95年	−11.9	11.0	0.8	−15.8	−22.5	−26.3	−19.4	−10.1

資料：表2-2に同じ.

になって規模拡大を実現するが、そのテンポを上回る農産物価格の下落によって、一向に経営改善が実現できないでいるというものであろう。食料・農業・農村基本法でいう「効率的かつ安定的な農業経営」（第二一条）とはとても言えないのである。

(3)　法人経営は安泰か？

これまで「農家」の実情を検討してきたが、「効率的かつ安定的な農業経営」として期待されている法人経営の実態はいかなるものであろうか。ここでは『二〇〇〇年世界農林業センサス結果概要Ⅰ』に含まれている「農家以外の農業事業体調査結果」により、法人格を持たない農業事業体も含めた実態について検討する。

表2-5によれば、法人格を有する事業体は二〇〇〇年の段階で半数程度に達しているが、一九九五年から〇〇年にかけて最も増加したのは法人格を持たない事業体である。また、経営組織別に見た場合（表2-6）、耕種部門の単一経営が過半を占め、その三割弱が稲作単一経営である。九五年から〇〇年にかけて、耕種部門の単一経営や準単一複合経営、複合経営は増加しているが、早くから法人化が進んだ畜産部門の単一経営は、肉用牛部門で若干の増加が見られるものの、全体としては減少している。増加率で注目すべきは麦類作単一経営である。

表 2-5　経営目的別事業体数の推移（全国）

（単位：事業体，%）

区分		総事業体数	販売目的の事業体						牧草地経営体	その他の目的の事業体
				法人				非法人		
					農事組合法人	会社				
							有限会社			
実数	1995 年	10,000	6,439	4,986	1,529	3,066	2,073	1,373	1,218	2,343
	2000 年	10,554	7,542	5,273	1,341	3,447	2,601	2,189	1,130	1,882
構成比	1995 年	100.0	64.4	49.9	15.3	30.7	20.7	13.7	12.2	23.4
	2000 年	100.0	71.5	50.0	12.7	32.7	24.6	20.7	10.7	17.8
増減率		5.5	17.1	4.0	−12.3	12.4	25.5	59.4	−7.2	−19.7

資料：表 2-2 に同じ．

表 2-6　農業経営組織別事業体数の推移（全国）

（単位：事業体，%）

区分		合計	単一経営								準単一複合経営	複合経営
				耕種部門			畜産部門					
					稲作	麦類作		肉用牛	養豚	養鶏		
実数	1995 年	6,321	5,729	2,838	671	144	2,891	627	602	1,174	425	167
	2000 年	7,412	6,443	3,744	1,031	383	2,699	631	602	1,015	706	263
増減率		17.3	12.5	31.9	53.7	166.0	−6.6	0.6	0.0	−13.5	66.1	57.5

資料：表 2-2 に同じ．

表 2-7　経営耕地面積規模別事業体数の推移（全国）

（単位：事業体，%）

区分		計	5ha 未満	5～10	10～20	20～50	50ha 以上
実数	1995 年	6,439	4,324	568	561	559	427
	2000 年	7,542	4,846	712	762	749	473
構成比	1995 年	100.0	67.2	8.8	8.7	8.7	6.6
	2000 年	100.0	64.3	9.4	10.1	9.9	6.3
増減率		17.1	12.1	25.4	35.8	34.0	10.8

資料：表 2-2 に同じ．

表 2-8　農産物販売金額規模別事業体数の推移（全国）

（単位：事業体，％）

区分		計	1000 万円未満	1000～3000	3000～5000	5000～1 億円	1 億円以上
実数	1995 年	6,439	1,891	976	703	984	1,885
	2000 年	7,542	2,590	1,211	749	1,011	1,981
構成比	1995 年	100.0	29.4	15.2	10.9	15.3	29.3
	2000 年	100.0	34.3	16.1	9.9	13.4	26.3
増減率		17.1	37.0	24.1	6.5	2.7	5.1

資料：表 2-2 に同じ.

農業事業体といえば、大規模経営をイメージするが、経営耕地面積だけで見る限り（表2-7）、五ヘクタール未満の事業体が六割以上を占め、必ずしも大規模経営ではない。もっとも三分の一以上が畜産部門の単一経営であることから、経営耕地面積だけが経営全体の規模を表しているわけではない。しかし、農産物販売金額を見ても（表2-8）、一〇〇〇万円未満の事業体が三分の一以上を占め、一九九五年から二〇〇〇年にかけての増加率も最も大きいことから、〇〇年段階で多くの農業事業体の経営規模はそれほど大きくはないと言えよう。

以上の検討結果から、この間増加している農業事業体の中には、担い手のいなくなった農地を請け負ったり、生産調整に対応するための集落営農の中心としての受託組織が数多く含まれていることが推測される(9)。それゆえ、生産調整に伴う助成金制度のあり方が、これらの農業事業体の経営状況を左右することになり、必ずしも自立した「効率的かつ安定的な農業経営」ばかりとは言えない。

個々の法人経営の状況は様々であろうが、本章の冒頭に掲げた「糸口」との関係で言えば、地域農業との関わりが問題となる。著者が知る限りでも、地域農業を支え、かつ自らの経営も発展させている法人経営は多数存在している。しかし、そのような経営ばかりではなく、ややもすれば自己の経営発展だけに目が向きがちな法人経営も存在しよう。また、地域農業を支えるといっても、前述したように助成金制度と無関係ではなく、その存廃いかんでは地域農業を支えきれなくなる場合もありえよう。法人経営は日本農業の現状打開の「糸口」にはなるかもしれないが、万能の特効薬ではないのである。

(4) 現状打開のための糸口

最後に、これまでの検討結果をふまえて、日本農業の現状打開の方向を示さなければならないが、展望を全面展開することは著者の現在の能力では不可能である。とはいえ、ただ逃げているだけではなく、これまでに「糸口」だけは示したつもりである。

一つは、生産者と消費者との真の連携である。これまで本当に連携してきたのであろうか。お互い、とりわけ生産者は遠慮してきたのではなかろうか。前に、生産者と消費者との「切磋琢磨と協同」という表現を用いて言いたかったのはこういうことである。そのことによって、「消費者ニーズ」と見なされている「実需者」のニーズとは異なる、本当の消費者ニーズがわかるのではなかろうか。

いま一つは、生産段階での競争と協同である。誤解を恐れずに言えば、筆者は競争を一概に否定されるべきものではないと考えている。ただ、現在のように「買い手」をいわば「絶対者」とし、それへの忠誠の度合を競うような競争は過当で歪なものになっている。それを是正する意識的な取り組みとその基礎となる協同の構築が必要である。

さらに、法人経営も含めた力のある生産者、経営者が地域農業を支えられるようにすることである。著者が知る限り、地域農業を支え、かつ自らの経営も発展させている法人経営が存在する地域は自治体もしくは農協による支援体制が整っている。「選別」するための「多様な担い手」論ではなく、力のある生産者、経営者はもとより、多くの人が分担して、その役割を発揮する文字通りの多様な担い手の育成のための支援体制の整備が必要である。

図 2-9　規模別の計画外流通米出荷意向

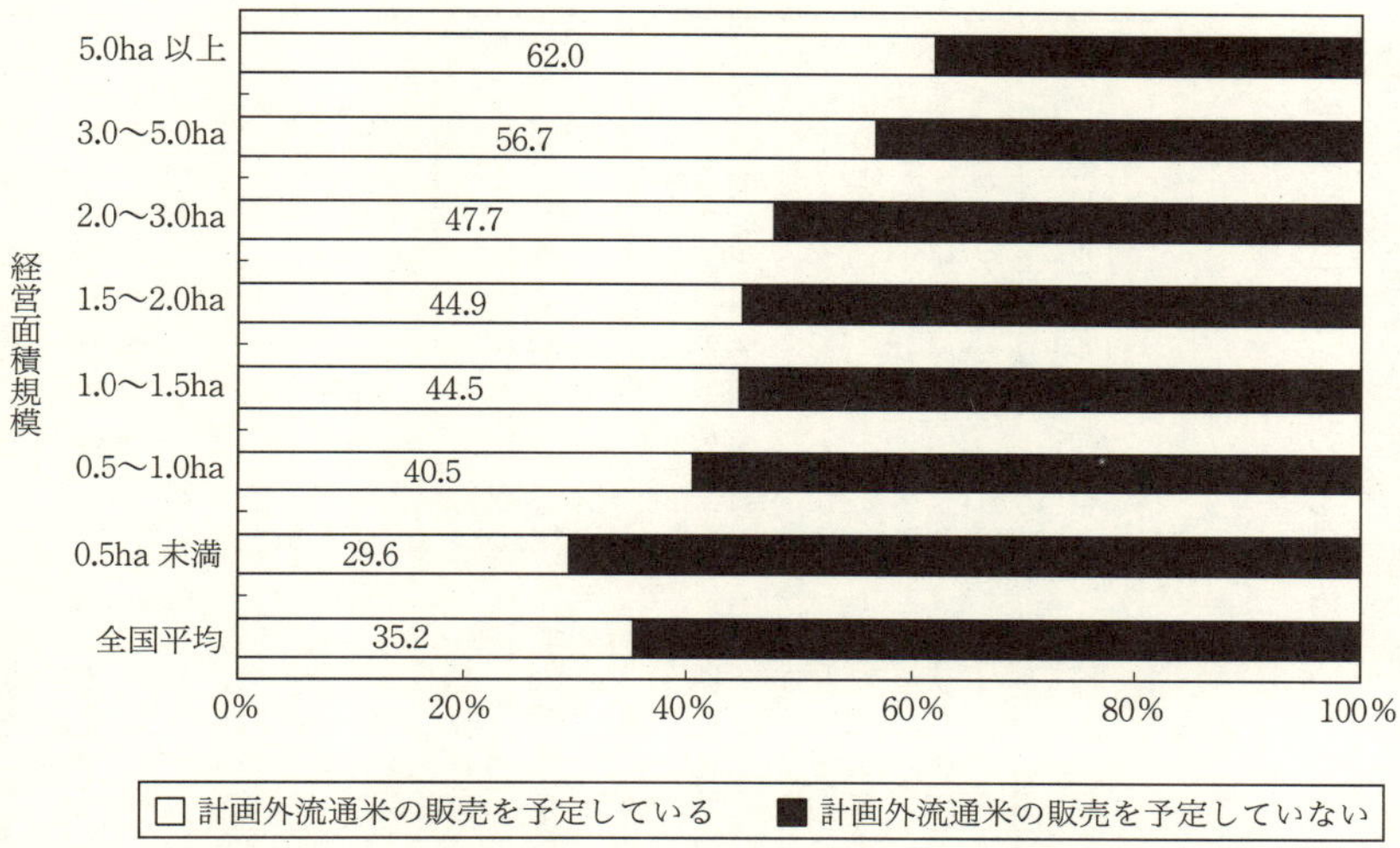

資料：食糧庁「生産段階における計画外流通米の販売に関する意向（2001 年産）」.

しかしながら、これまでにない困難な現状をもたらした要因が、「規制緩和」の推進という政策・制度的問題である以上、前述したような主体的取り組みだけでは不十分である。主体的取り組みを基礎にして、その中から生まれてくる要求を実現する政策転換を求める取り組みこそ最大の「糸口」であろう。

4　大規模経営の販売戦略

(1)　生産者の販売方法の変化とその影響

こうした状況下で、大規模経営は計画外流通米の出荷と販路の確保に向かっている。図2-9に示したように、稲作経営規模が大きくなればなるほど、計画外流通米の出荷意向が強い。第一章でも指摘したが、表2-9で示したように、現時点で計画外流通米の生産量に対する割合は三割以上になっており、ほぼ半分が生産者と消費者との直接取引である（図2-10参照）。

一方、価格低下を大量販売によって補うことができるその他の業者（登録業者以外の業者）への販売も多い。

これらの販売先は手取収入の増加を見込めるが、同時に代金回収がスムーズに行えない場合や取り込み詐欺などによるリスクも見込んでおかなければならないこともすでに指摘した。また、卸売、小売業者も含めた業者への計画外流通米の販売は、「需給実勢」に見合った価格でスポット買いする機会を当該業者に与え、全体として「川下」の需給調整能力や価格形成のイニシァティヴを強める結果になることも考えておく必要があろう。

このような生産者の動向は、農協にとって生産調整や集荷の確保にとって困難性をもたらすため、農協系統組織も条件付きで計画外流通米の集荷・販売を進めていることも指摘したが、生産者と消費者との直接取引は量販店の販売動向にも影響を及ぼすほどになってきており、農協系統共販のあり方も大手「実需者」ではなく、本来の実需者たる消費者を直接見据えたものに変わる必要があろう。

大規模経営による独自販売の強化は、本章冒頭で述べたように、『農産物（米）市場』における米価低迷という事態への『農民の対応・対抗』の一形態」である。以下では、大規模経営の販売戦略について詳しく検討する。

表 2-9　計画外流通米（一般米相当）の出回り量の推移

（単位：万トン）

年産	生産量①	計画出荷量	農家消費等		②÷①×100
				うち計画外流通米②	
1996	1,034	577	457	277	26.79
1997	1,003	553	450	280	27.92
1998	896	465	431	268	29.91
1999	918	472	446	292	31.81
2000	949	482	467	318	33.50
2001	906	446	460	312	34.44

資料：食糧庁「生産者の米穀現在高等調査結果」.
注：計画外流通米は農家飯用米，くず米等を除いた一般米相当.

(2) 大規模経営にとっての米流通再編

大規模経営の販売戦略を考える場合、食糧法によって大幅に緩和された米流通の制度的枠組み（第一章参照）

図 2-10　生産者の計画外流通米の販売先割合

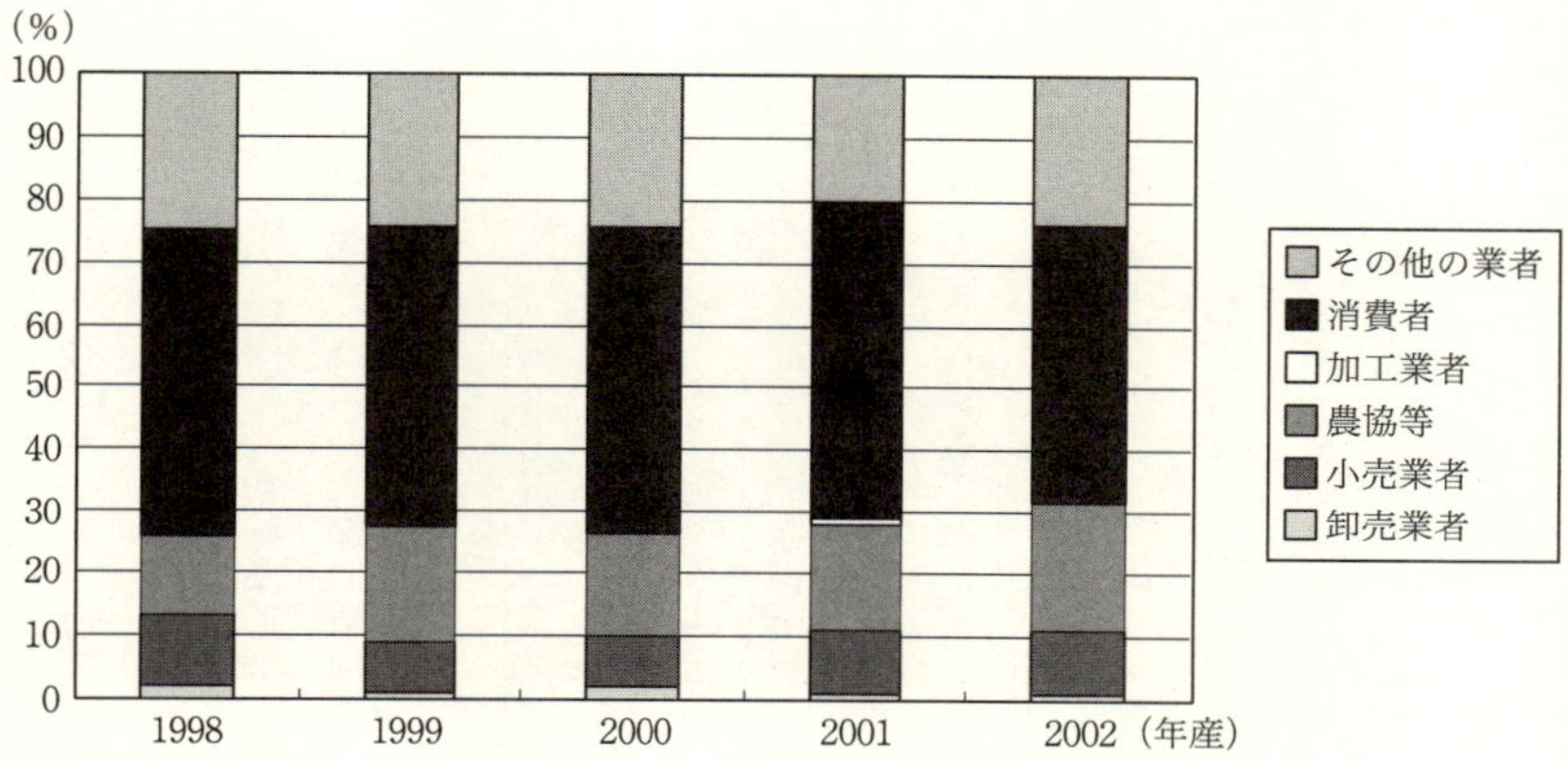

資料：食糧庁「生産段階における計画外流通米の販売等に関する調査」.

について留意しておく必要がある点は以下の通りである。

第一に、自主流通米に関して、生産者から米を直接集荷する第一種登録出荷取扱業者（旧制度では一次集荷業者）の販売先が多岐にわたる点である。旧制度では一次集荷業者（大半が農協）は生産者から販売「委託」（買取り集荷の禁止）された自主流通米を二次集荷業者（大半は各経済連）に販売「委託」するしかなかったが、新制度では第一種出荷取扱業者は第二種出荷取扱業者（旧制度では二次集荷業者）に「販売」もしくは販売「委託」できることはもちろん、自主流通法人（旧制度では指定法人）にも「販売」もしくは販売「委託」できる。さらには、卸売業者、小売業者等にも販売できる。このことにより、農協を通じて大規模経営が多様な販売戦略を持つことも可能となった。

第二に、計画外流通米という形で旧制度下での「自由米」を法認した点である。計画外流通米は、生産者が出荷数量を食糧事務所に届けなければならないが、販売方法・流通ルートには規制がなく、生産者にとって多様な販売方法が可能となる。とりわけ、これまで特別栽培米などの形で独自の販売ルートを持ち、生産調整をなるべく行いたくない大規模経営にとって、計画外流通米は販売拡大の条件となる。

第三に、計画流通米に関して、流通業者制度が大幅に規制緩和された点である。その主な内容は、①許可制から登録制になった点、②旧制度では、定数制や法人要件あるいは固定的な登録制度により、新規参入が実質的に制限されていたのに対し、新制度では登録要件を充たせば自由に参入できるようになった点、③要件（数量、結び付き、経験、等）自体も大幅に緩和された点、とりわけ経験要件が全く不要になった点、④複数の都道府県での登録も容易になった点、である。

以上のような流通業者制度の大幅な規制緩和は、大規模経営にとって、販売ルートの選択肢が広がることを意味するが、旧制度下では言わば「すきま」的に独自開拓してきた販売ルートが一般化することにより、「すきま」としての優位性を喪失する可能性もある。具体的に言えば、旧制度下では、米流通全体は「流通ルートの特定」という原則に基づき、画一的な流通形態をとっていたが、大規模経営は特別栽培米や「自由米」という形で個性的な流通形態をとることで優位性を発揮していた。しかし、新制度下では米流通業界全体がそれぞれ独自の多様な流通形態をとろうとすることにより、大規模経営の流通形態の独自性が喪失するのである。

第四に、自主流通米に関しては、買い取り集荷が認められるようになった点である。この点は、大規模経営と農協との関係に大きな影響を及ぼす。原則的に買い取り集荷を行わない農協と買い取り集荷を行う他の集荷業者（旧制度下での自由米業者を含む）との間で集荷方法の違いが表面化するからである。もちろん、旧制度下でも、農協と自由米業者との間では米の集荷方法は異なっていたが、制度に基づいた集荷を行う前者と制度外に位置する後者とでは条件に違いがあった。新制度下では、両者は制度上同一条件下に置かれ、集荷方法の違いが表面化する。このことにより、大規模経営は農協が提示する仮渡金、他の業者が提示する買い取り価格、出来秋の時点での市場価格、その他の様々な条件を勘案した販売方法を採るようになろう。また、大規模経営自体が集荷業者となり、他の生産者からも買い取り集荷を行い、自らの米と併せて独自に販売することもあり得る。この場合、農協とは競争関係になる。

以上のように、新制度下での米流通の枠組みは大規模経営の販売戦略に対して大きな影響を及ぼす。とりわけ、これまで固定的であった農協との関係が流動化する。前述したように、農協を通じた多様な販売戦略の構築も可能であるが、独自の販売ルートの確保も可能である。ただし、独自の販売ルートの「独自性」が喪失することにより、かえって農協との結びつきを強める必要もでてくる。要するに、農協を通じた販売方法は大規模経営にとって一つの選択肢でしかなくなり、自らが様々な販売方法を考えなければならなくなったのである。したがって、個々の大規模経営がどのような販売方法を採るかは、その地域の農協の販売戦略のあり方、市場条件、他業者の状況などにより、変わってくるだろう。

(3) 大規模経営の販売チャネル

前節で述べた制度的枠組みの下で生じた主要な米流通チャネルのイメージは図2-11のとおりである。簡単に言えば、直接エンドユーザー（消費者）に大量に販売する大手量販店、大手小売業者、外食産業などの大手実需者のイニシアティヴの下で、食材・食品卸売業者などの新規参入業者、卸売業者、農協系統組織などの既存業者を併せた中間流通が再編されつつあるのが現状であろう。その際、大手総合商社は流通ルートの各段階の主体を結びつけ、垂直的統合化を図るオルガナイザーの役割を演じている（第一章参照）。

要するに、新制度では米流通が複線化、多様化したと言われるが、別の面から見れば、流通の人為的な制限（新規参入の制限、販売先・仕入先の制限、等）が極めて小さくなったことから、他の商品と同じような流通の様相になったと言えよう。したがって、生産から消費までの流通に必要な手段（施設、設備、物流網、等）の確

図 2-11　主要な米流通チャネルの概念図

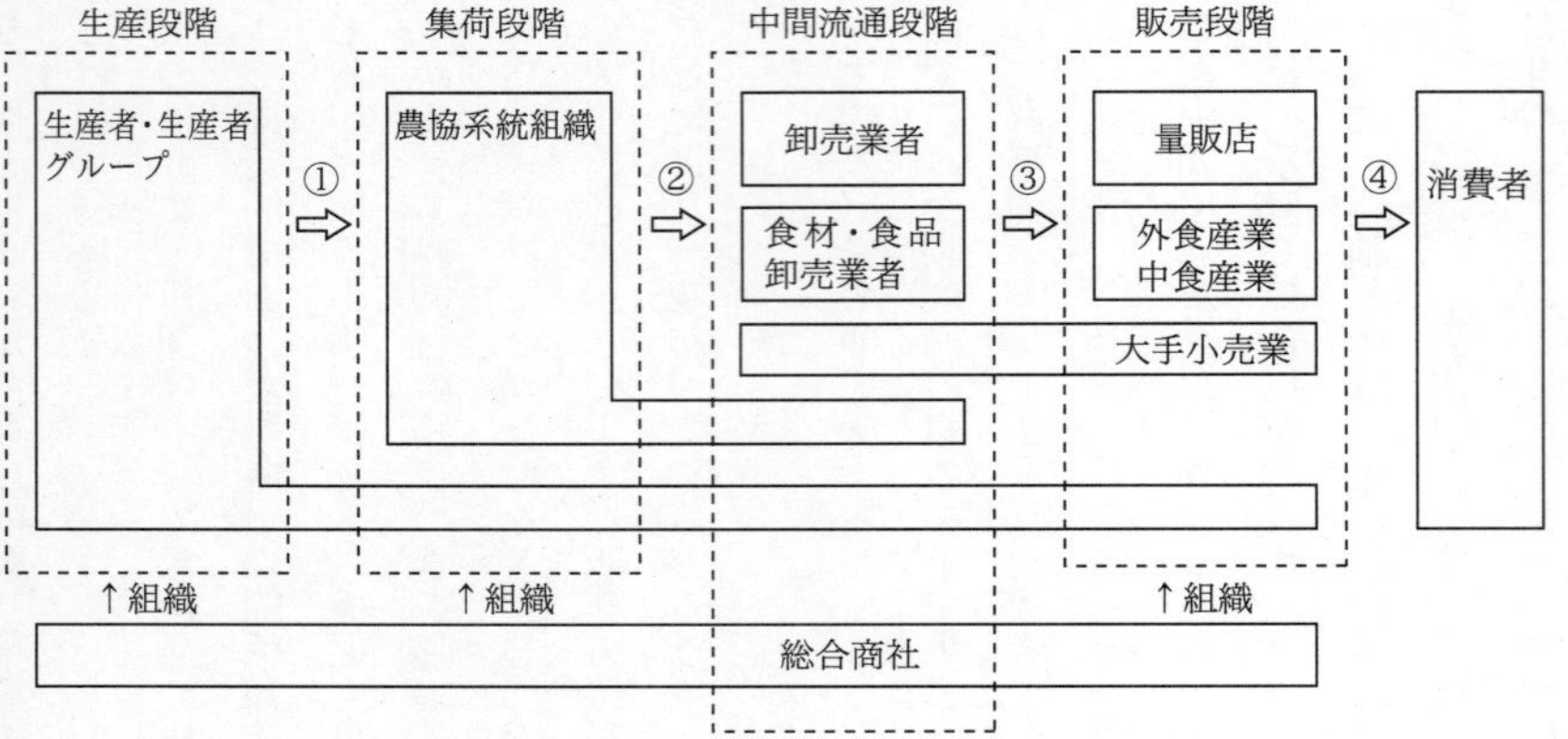

注：①生産者等から農協等への販売委託.
②農協系統組織や生産者等から中間流通業者への販売，最も主要なものは農協系統組織と卸売業者の取引.
③中間流通業者から最終販売業者への販売，最も主要なものは卸売業者と量販店，外食産業等との取引であるが，最近では農協系統組織や生産者等からの販売も増えている．また，食材卸売業者等は外食産業等との取引が主要である.
④最終販売業者から消費者への販売，コメは量販店からの購入が主要だが，外食産業等からの米飯での購入も増えている．また，生産者等からの購入も多い.
⑤実線で囲んだ部分はそれぞれの経済主体がどの流通段階まで進出しているのかを示している．例えば，農協系統組織は集荷段階だけでなく，中間流通（卸売段階）まで担っていることを示している.

保が米流通のイニシァティヴをとる上で不可欠となろう。それをイメージしたのが図2-12である。ただ米流通が他の商品流通と異なるのは、生産者が（大規模経営と言えども）小量生産でしかなく、大量生産・大量流通が前提になっている他の商品とは「川上」段階が異なる。それゆえ、図2-11においても産地での乾燥・調整・集出荷・保管施設が重要となろう。

以上のような新たな米流通チャネルの中で、大規模経営の販売チャネルがどのような位置を占めるのかについて検討しておこう。

大規模経営が採りうる販売チャネルは表2-10のとおりである。いずれの場合にも大規模経営にとってメリット・デメリットがある。A、Bの場合、大規模経営の負担は少ないが、生産調整の問題が

図 2-12　施設・設備を軸にした主要な米流通チャネルの様相

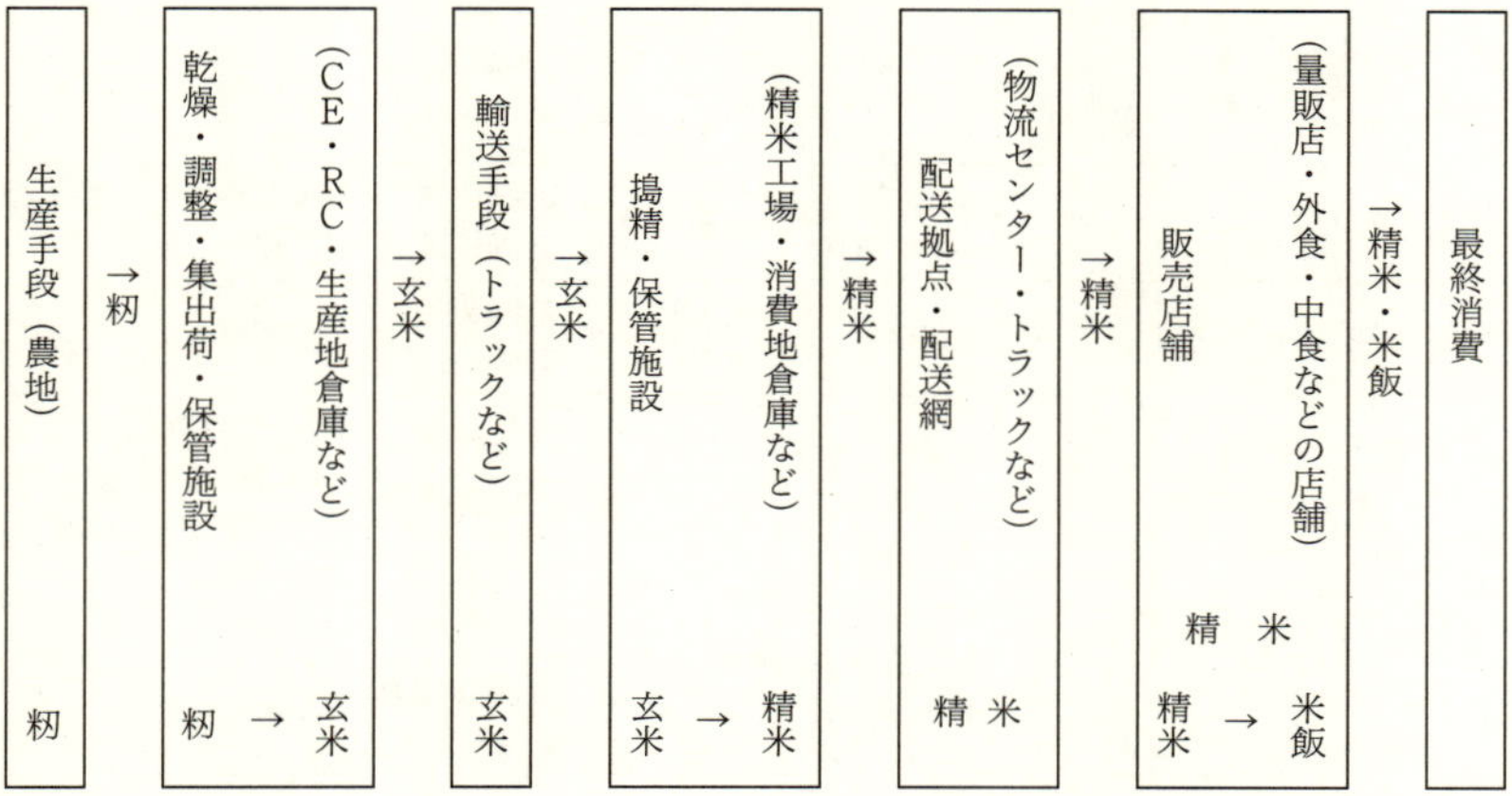

生じる。また、他の生産者と同等の扱いになるため、大規模経営の販売上のメリットが発揮できない。

それ以外の場合、自己保有設備・施設への投資が必要となるといったデメリットとともに、輸送コストの負担や必要な数量の安定供給が必要になる。また、C～Iの場合、低価格になる恐れもある。こうしたデメリットを緩和するためには、大規模経営同士で共同化し、設備・施設への過剰投資を避け、輸送の合理化によってコストを引き下げ、大量の米を安定供給するといった取り組みが必要となろう。また、そのことによって価格交渉力もつき、価格引き下げ圧力を幾分緩和できるであろう。

J、Kの場合、最大の問題は代金回収リスクであるが、それ以外にも独自の配送網や注文システムを保有する必要がある。したがって、KよりもJの方がベターではあるが、Jの消費者グループは無農薬、完全有機肥料といった特別な栽培方法のニーズで組織されている場合が多く、それに大規模経営が応えられるかどうかが問題となる。仮に応えられたとしても、生産の省力化によるコスト削減といった大規模経営のメリットが喪失する可能性もある。

表2-10に掲げた以外にも様々な方法、例えば運輸業者の配送

表 2-10　大規模経営の採りうる販売チャネル

整理記号	自己保有設備・施設	販売もしくは販売委託する米の形態	販売もしくは販売委託先	販売もしくは販売委託に必要な数量	制度上の区分	備考
A	特になし	籾	農協等(CE, RCを保有)	特になし	計画流通 計画外流通	生産調整への参加が必要, 施設利用の制約
B	乾燥機 籾すり機	玄米	農協等	特になし	計画流通 計画外流通	生産調整への参加が必要
C	乾燥機・籾すり機・保管施設・輸送手段	玄米	販売業者(卸・精米機保有の大手小売)	大量	計画外流通	よほどの銘柄でないと混米用になる可能性, したがって生産者価格が低くなる
D	乾燥機・籾すり機・保管施設・輸送手段	玄米	精米機保有の中小小売業者	一定量	計画外流通	数量によっては輸送コストが大きくなる
E	乾燥機・籾すり機・保管施設・精米機・輸送手段	精米	精米機を保有しない中小小売業者	小量	計画外流通	小量販売のため輸送コストが大きくなる
F	乾燥機・籾すり機・保管施設・精米機・輸送手段	精米	食品・食材卸売業者, 大手小売業者	大量	計画外流通	仲卸的販売をするため, 生産者価格が低くなる
G	乾燥機・籾すり機・保管施設・精米機・輸送手段	精米	大手量販店	大量	計画外流通	安定的に供給しなければ取引できない
H	乾燥機・籾すり機・保管施設・精米機・輸送手段	精米	中小外食産業	一定量	計画外流通	原料用であるため, 生産者価格が低くなる
I	乾燥機・籾すり機・保管施設・精米機・輸送手段	精米	大手外食産業	大量	計画外流通	原料用であるため, 生産者価格が低くなるとともに安定的に供給しなければ取引できない
J	乾燥機・籾すり機・保管施設・精米機・輸送手段・配送網	精米	消費者グループ	一定量	計画外流通	代金回収リスクは小さくなるが, 特別な栽培方法を求められる
K	乾燥機・籾すり機・保管施設・精米機・輸送手段・配送網・受注システム	精米	一般消費者	小量	計画外流通	代金回収リスクが大きい

網を利用する方法やインターネット等を使った方法などがあるが、必ずしも大規模経営のメリットは生じない。また、表2‐10では大規模経営が炊飯・加工（米飯販売や外食・中食店経営など）まで手がける場合は示していないが、生産した米のかなりの量を利用するにはさらに設備投資が必要となるし、設備投資コストを削減し、小規模に利用するだけならばあまりメリットは生じない。

著者が調査対象とした大規模経営は主として、B、D、G、H、J、Kの販売チャネルを採っている。[10] 農協以外に販売する場合の問題点としてあげられているのはやはり、①業者取引の場合の厳しい価格条件、②消費者直販の場合の代金回収リスク・経費過多・事務作業の煩雑さ、有機・無農薬栽培による労力過多、③農協とのこれまでのつながり、などである。

前述したように今後の主要な米流通チャネルは図2‐11の通りになろう。したがって、本来的に大規模経営はA、Bを採る必要がある。また、C～Kの場合でも、農協が支援する必要があろう。しかしながら、多くの大規模経営は農協の販売戦略に対する不信感を示している。そこで、大規模経営同士がグループを組織することで、農協の機能を肩代わりすることも考えられるが、大規模経営が一定地域内にまとまって存在しておらず、複数の地域にまたがって点在している状況の下ではかえって不合理である。

それゆえ、大規模経営が存立するためには農協の側で大規模経営のメリットを生かせるような工夫、販売戦略を採ることが必要である。例えば、生産調整についての大規模経営への配慮、農協保有施設の利用についての優遇措置、販売先についての大規模経営の意向の配慮、大規模経営が独自販売する際の事務および代金回収の代行・施設利用の配慮・価格についての代理交渉などがあげられよう。

(4) 直接販売とリスク管理

これまで述べてきたように食糧法下における米流通では様々な大手流通業者が主導権を握ることになるが、そうした大手流通業者に比べれば、大規模経営と言えども「小規模業者」でしかなく、ややもすれば価格などの点で不利な販売条件を押しつけられかねない。また、契約期間が過ぎれば、いつ取引が停止されるかわからない。現に、一部の量販店は最近、固定的な産地指定方式を改め、毎年米の品質や販売条件を検討し、契約を更新するシステムに切り換えた(11)。そのため、多くの大規模経営は、リスクを分散するために、消費者への直接販売も含めた複数の販売チャネルをとりつつある。販売チャネルが多様化すればするほど、また、消費者への直接販売など小口の取引が増えれば増えるほど、今度は代金回収などの新たなリスクが生じることになる。したがって、販売先の多元化によるリスク分散とともに、代金回収など取引面でのリスク管理が販売戦略の重要な要素になってくる。そこで本節の最後に、販売代金回収におけるリスクや販売契約をめぐるトラブルについて、実際の事例をもとに検討するとともに、生産者が注意すべき事項について指摘しておきたい。

独自販売をめぐるトラブルには、①相手側もしくは仲介者の故意によるもの、いわゆる「取り込み詐欺」など、②契約があいまいなことから生じるもの、契約事項（販売価格の設定、品質の水準、運賃など）をめぐる当事者間の認識のくいちがい、③販売・購入可能量を超える契約など、無理な契約に基づく契約不履行、④当事者のいずれか一方ないしは双方における契約意識の希薄さから生じるもの、消費者の購入不履行（いわゆる「ドタキャン」）や代金の延滞、未払い、生産者の販売不履行（事前に締結していた消費者への販売を見合わせ、より有利な販売先へ乗り換えることなど）が見受けられるが、①のパターンはともかく、②、③、④のパターンは米流通の世界において契約意識が未成熟なことから生じるものである。

米流通の世界は、食管法による流通ルートの特定、許可業者制度、新規参入の制限など政府による全量管理という原則の下で、他の業界と比べて、関係者の契約意識が希薄であり、販売におけるリスク管理も不十分であった。生産者も例外ではなく、米を農協に出荷し、販売を委託しておけば、販売先の確保や販売契約などの煩わしいことを行う必要はなく、リスク管理も必要なかった。ただし、価格決定に自らの裁量が及ぶ余地もなかった。

しかし、食糧法及び食料・農業・農村基本法の下で、生産者は「経営者」として、農協や行政任せではなく、自らの経営戦略に基づき、生産計画、販売計画を立て、自らの裁量で販売先との価格交渉に臨み、契約の締結・遵守および販売に伴うリスク管理を行うことが求められている。

前述した独自販売をめぐるトラブルの四つのパターンのうち、最もやっかいなのが、相手側もしくは仲介者の故意によるトラブルである。食糧法施行後、一年目（一九九六年）の出来秋から翌年の夏にかけて、東北地方を中心にいわゆる「取り込み詐欺」が多発した。背景には、豊作、輸入米（MA分）受け入れなどによる米余り、規制緩和に伴う競争激化による低米価とともに、「売る自由」を標榜した食糧法の下で生産者の中に「にわか販売組」が現れたことがある。被害は宮城、山形を中心に東北地方全体に広がっており、加害業者は首都圏の十数業者であることが推定されているが、手口はほぼ共通していた。

その特徴の第一は、まず米を誉め、相場より高価格を提示することである。例えば、サンプルを送らせ、「かなり売れそう」、「○○用に最適」、などの甘言で誘う。あるいは、「スーパーでお宅の米を見て気に入った」、「見本市に出展されていたお宅の米は素晴らしい」などをFAX、電話などで伝え、農協に出荷する価格より必ず高値で購入することを約束する。経済連・全農県本部が提示する仮渡し金額は業者に知れ渡っており、生産者の資金繰りの困難さにつけこんで、高価格を提示してくるのである。したがって、生産者としては物産展に出品したり、マスコミに取り上げられた直後は、注文があるのではないか、という期待も大きいが、詐取目的で近づいてくる者もいるので、用心する必要がある。

第二の特徴は、信用できる会社であることを強調することである。表向きはスーパーや食品会社を名乗ったり、信用ある大手会社と取引があるように言うことで相手を信用させる。中には、架空のチラシや会社紹介のパンフレットまで作っている業者の例もあった。こうした業者は社名や所在地を頻繁に変更し、連絡をとれなくしてしまう。実際に米販売を行っていることが確認されている業者でも注意が必要である。代金支払いが遅延している場合、実は資金繰りに困っており、突然倒産する場合もある。

また、これまで米を扱ったことがなく、実は「にわか販売組」であった業者の事例もある。食糧法施行後、米販売に乗り出し、生産者から米を仕入れたものの、販売ノウハウや信用がないため、低価格で販売せざるを得ず、その結果、生産者への代金支払いが遅延し、最終的には不払いになった。後者の場合、必ずしも故意による詐取とは言えないが、自社の経営の実状を正しく伝えず、生産者を信用させる点で同様である。

いずれにせよ、生産者としては相手業者の信用調査を怠らないことが肝要であろう。ポイントは、①本当に米販売を行っている業者かどうか、②経営は健全かどうか、③相手業者の取引先は確実か、また評判はどうか、といったことである。最初から大量の取引を行うことはまずあり得ない。少量の取引を開始した時点で、機会を見つけ、相手業者の会社・店舗を実際に目で確かめるとともに、財務状況なども調べる必要があろう。

第三の特徴は、最初は少量の取引で代金あるいは内金を支払い、徐々に取引数量を増やしていった後に、支払いを遅らせたり、全く払わないというやり方である。この場合、最初は代金ないしは内金を一応支払っており、またその後も「一週間待ってくれ」、「次回の取引の際にまとめて払う」など、支払う意志を表明していることが多い。そのため、刑事事件としての立件が困難であり、警察としても動きにくい。実際に、一九九六〜九七年に東北地方で起こった一連の「取り込み詐欺」事件で、初めて摘発されたのは九八年一月になってからである。[12] 不幸にもこうした業者と取引してしまった場合、早めに「損切り」し、取引を停止するとともに、民事訴訟に持ち込むしかない。

第四の特徴は、代金が手形で送られ、その後、手形が不渡りになるという事例である。なかには倒産し、裁判所に調停申請を行い、支払えない状態を正当化することもある。また、別会社の手形を使い、その手形が不渡りになったとしても、「善意の第三者」を装い、支払い責任を免れるというやり口もある。これらの場合は、民事訴訟も立証が困難であり、長期の訴訟を覚悟しなければならないため、「泣き寝入り」する場合が多い。業者の信用調査は当然のことであるが、手形取引はなるべく避け、現金もしくは銀行振り出しの小切手で事前に決済するか、手形が決済されたことを確認した後、商品を送ることにするか、である。

こうした取引方法を採用した場合、取引相手からすれば、生産者が信用できるかどうか、ということが問題になってくる。そのため、消費者にしろ、業者にしろ、電話やFAXのやりとりだけではなく、一度は機会をみつけて家に招き、信用してもらうことが必要であろう。農地と家を確認してもらえれば、業者と違って、生産者は逃げも隠れもできない。いずれにせよ、商品の受け渡しと代金の支払いについては、安全・確実な方法を契約の際に明確にしておくべきである。

以上、悪質業者の手口を紹介してきたが、いたずらに業者に対する不信感や生産者の不安をあおるつもりは毛頭ない。前にも述べたように、今日では生産者は「経営者」として、リスク管理に注意を払うことが求められている。最近は生産者も注意するようになり、一九九八年四月に手広く「取り込み詐欺」を行っていた業者が逮捕されてからは、以前のように頻発することはなくなったかもしれない。しかし、事件の背景となった事情はあまり変わっていない(13)。

米はやはり過剰状態であり、米価は低い。計画外流通は以前ほどの増加傾向にはないにしろ、すでに米流通において大きな位置を占めている。生産者は喉から手が出るほど有利な販売先を求めており、依然としてリスク管理は甘い。

そこで次に、トラブルに巻き込まれやすい生産者の特徴を列挙しておこう。まずなんといっても、「にわか販売組」が一番危ない。食糧法施行以前あるいは一九九三年の大冷害以前から「特別栽培米」を直接消費者に販売していた生産者は、すでに販売ルートを確立しており、代金回収のノウハウも備えている。しかし、最近になって直接販売に乗り出した生産者は、躍起になって販売先を獲得しようとして、悪質な業者に引っかかる場合がある。また、消費者に直接販売するとしても、消費者との信頼関係が不十分なため、消費者からの突然のキャンセルにあわてふためいたり、代金回収にかえってコストがかかったりすることもある。

「にわか販売組」だけではなく、以前から「自由米」を業者に販売していた生産者も安心できない。規制緩和による「川下」段階での販売競争激化の下で、既存の「自由米」業者とて競争にさらされている。なかには経営が悪化している業者もあろう。

「計画外流通」については、数量を食糧事務所に届け出ることになっているはずであるが、実際には届け出以上の数量が出回っていると推計されている。このような無届「計画外流通」も狙われやすい。生産者としては若干のうしろめたさがあるため、刑事告訴や民事提訴を避け、自分で解決しようとする場合が多いためである。

自分の米だけではなく、他人からも集荷して販売している生産者もターゲットにされやすい。他人の分も集荷しているので、販売先の獲得は他の生産者よりも切実である。売れなければ責任問題になる。こうした事情につけこまれるのである。また、こうした生産者は詐取されたことが表沙汰になると、自身の信用が失墜し、これまでどおり他人から集荷できなくなるので、やはり告訴・提訴を避けようとする。

以上のような生産者だけではなく、多くの場合に共通しているのは、地域内での体面を気にして、だまされたことを公にしないことである。また、いまだ独自販売に対する風当たりがあるため、農協に相談できない生産者も多い。こうした事情に悪徳業者はつけこむのである。したがって、とにかく公にできるような状況をつくりだす必要がある。計画外流通については食糧事務所に届け出る。販売にあたっては農協にも相談する。

要するに「公然と」計画外流通を行うことが直接販売に市民権を与え、前近代的な「取り込み詐欺」をなくすことにつながるし、契約意識を生産者にも消費者にも醸成し、突然のキャンセル等のトラブルを避けることにつながる。実際にこの間の計画外流通の届出数量は増加しており、一九九六年産で三二万八〇〇〇トンであったものが、二〇〇一年産では五二万九〇〇〇トンになり、検査数量も二二万トンから三九万トンになっている(14)。

また、生産者個人でリスク管理を行うには限界がある。本来的に農協は生産者が自らを守る組織である。したがって、農協が積極的に独自販売を行っている生産者に対応し、計画外流通に関わる必要があろう。

前述したように、全農としても条件付きで計画外流通も取り扱う方向を打ち出し、農協での計画外流通の取扱いは拡大している。ただし、農協自体も取り込み詐欺にあっているので、農協としてもリスク管理を強める必要があろう。

農協がかかわれないのならば、独自販売を行っている生産者同士でグループをつくり、共同で販売する、あるいは情報交換等のネットワークをつくる必要があろう。

販売戦略は「どのように儲けるか」という観点だけではなく、「どのように安全を確保するか」という観点が必要である。

自らの販売方法が周りの関係者（他の生産者、農協など）から理解を得られていない場合、トラブルに遭遇する確率が増し、トラブルにあった時の解決も困難である。

安全を担保するためには関係者の理解を得ることが必要である。そのための、調整、交渉、説得も販売戦略の重要な要素である。ただ売れれば良いというだけでは「経営者」たりえないのである。

注

(1)『図説　食料・農業・農村白書（平成一二年度版）』農林統計協会、二〇〇一年。

(2)　この算定方式における基準価格は前年産政府買入米価、自主流通米価格変動率は移動三カ年平均の変動率、生産コスト等の変動率についても移動三カ年平均の変動率を基礎にしている。

(3)　食糧庁計画流通部計画課「当面の政府米の販売方針について」、一九九七年一一月。

(4)　食糧法に基づいて生産者団体によって調整保管されていた自主流通米の古米の値引き販売も同様の影響を及ぼした。その上、差損分が生産者負担になった（『日本農業新聞』一九九七年六月五日付）。また、政府米売却の影響は自主流通米価格形成センターにおける入札取引だけでなく、前述した業者間の様々な「市場」にも及んだ（『日本経済新聞』一九九七年四月二三日付）。

(5)　落札価格の値幅制限が撤廃されたことに伴い、一九九八年産米以降、売り手は「希望価格」を申し出ることができる。

(6)　例えば、「米の緊急需給安定対策」（一九九九年九月）、「平成一二年緊急総合米対策」（二〇〇〇年九月）など。

(7)　ここで言う「実需者」の事情とは、量販店における「特売」の設定や、外食産業における企画メニューの設定など、本来の需給動向とは切り離された販売戦略などを指している。

(8)　農林水産省統計情報部『二〇〇〇年世界農林業センサス結果概要Ⅰ』（二〇〇〇年一一月公表）は二一～二二ページが「農家調査結果」、二二～三〇ページが「農家以外の農業事業体調査結果」になっている。

(9)　前述したように、「麦類作単一経営」の農業事業体の増加率が最も大きいことが、転作の受託組織の拡大を物語っている。

(10)　この調査は一九九八～二〇〇〇年度に日本学術振興会科学研究費補助金の交付を受けた「米価変動下における大規模経営のリスク管理に関する研究」の一環として行った。

(11)『米穀市況速報』二〇〇一年一月一日付、八ページでは、イトーヨーカ堂が「従来の産地指定としてきた銘柄について、年産ごとに最も品質の良い地域の米を指名する」方向で検討していることを報じている。

(12)『河北新報』一九九八年一月二八日付朝刊、二三面では、二七日に一連の米取り込み詐欺事件の容疑者の自称米穀商が宮城県若柳警察署によって逮捕され、この種の事件では初めての摘発である、と報じている。

(13)　一九九八年四月一〇日に警視庁新宿警察署が宮城県南郷町の農業生産法人から八〇〇万円相当の米を詐取した疑い（他の被害者から詐取した余罪も含めると総額五億五〇〇〇万円相当）で容疑者二人を逮捕して以来（『産経新聞』一九九八

年四月一一日付朝刊、二七面、『朝日新聞』同日付朝刊、三〇面)、大がかりな米の詐取事件はおこっていないが、米販売をめぐる様々なトラブルは依然として各地で見受けられる。

(14) 計画外流通米届出数量については「生産調整に関する研究会」(食糧庁所管)に提出された「検証に用いた主要な資料」二〇〇二年七月、三四ページによる。検査数量については「米の需給・価格情報に関する委員会」(全中・全農・全集連主催)の資料による。

第三章　農業経営の多角化と企業

1　農業経営多角化の意味

(1)　農業経営多角化の検討視角

一九九九年七月に施行された「食料・農業・農村基本法」(基本法と略) は、「効率的かつ安定的な農業経営」(第二二条) の育成を掲げ、「経営意欲のある農業者が創意工夫を生かした農業経営を展開できるようにすることが重要である」(第二二条) としている。この「創意工夫を生かした農業経営」の一環として、作目の複合化のみならず、関連事業 (食品加工など) も含めた経営の多角化を図る農業者が現れている。農業経営の多角化もまた、前章で述べた「販売戦略」と同様に農産物市場における農民の「対応・対抗」の一形態であることには相違ない。

一方で、「フードシステム論」的に言えば、農業者による関連事業の展開は、これまでは農協等を通じて単に農産物を出荷するという形で受動的にしか関わってこなかったフードシステムに対し、自ら販路の開拓や販売方法の工夫、ニーズの把握や商品開発まで手がけることで能動的に関わることを意味する。と同時に、これまで農協等を媒介とする間接的な関係でしかなかった食品産業、外食産業や流通業などフードシステムの諸主体との間で、時には競争関係を、時には提携関係を直接取り結ぶということになる。

また、基本法第一七条では「食品産業の健全な発展」を掲げ、「農業との連携の推進」に必要な施策を講ずるとしており、政策的にもフードシステムの諸主体と農業者との連携が位置づけられている。というよりもむしろ、これまでのような単なる「生産者」、「経営者」ではなく、「高度化し、かつ、多様化する国民の需要に即して」（同法第二条三）食料を供給するフードシステムの主体として、食品産業と並んで位置づけられている。この点に関して、第一章では「フードシステム論」について、「農業と食品産業・食品流通業などとの関係における一側面としての相互前提関係のみが強調され、もう一側面である相互に対立・排除する関係を矮小化しているように思え、これは『食品産業の健全な発展』、『農業との連携の推進』を掲げる現在の食料・農業政策を反映している」と指摘した。

同じく第一章で述べたように、本書では「『農業市場論』の基本的視角を保持」するものであるが、農業者の能動的な行動を検討し、それを支援するための具体的政策課題を提起するという視角から見た場合、農業と食品産業等との相互前提関係を強調し、「現在の食料・農業政策を反映」した「フードシステム論」の議論をふまえておく必要がある。そこで、本章では最初に「フードシステム論」で農業経営の多角化を検討する際の論点を指摘し(1)、次に統計資料および具体的事例の検討と政策課題の提起を行う。さらに、農外企業による農業経営への参入事例をとりあげ、農業者との関係について論じる。その上で、改めて「農業市場論」的視角から、農業経営多角化の「相互に対立・排除する関係」の側面について考えたい。

(2) フードシステム論における基本的論点―農業経営多角化との関係で―

フードシステム論では、主体間における戦略的提携関係が重要な要素とされる。「主体」という観点で見た場合、これまで農業・農村側の経済主体は画一的であり、未成熟であった。農産物の大半は農協に集荷され、卸売市場に出荷される。一部を除き、農業者は実需者や消費者と直接関わりを持つことなく、提携の「主体」とはなり得なかった。今日でもこの状態は継続しているが、徐々に多様化してきている。これまでの農協に加え、独自販売を指向する法人・個人経営や行政も関わった第三セクター、地元企業などが経済主体として現れている。また、農協自体も一部では事業部門を分社化し、能動的な取り組みを展開している。これまでの卸売市場流通依存の状態から脱却し、直接取引が拡大していくことで、未成熟であった契約意識も醸成され、農業者が経済主体として成長する契機となっている。こうした農業・農村側における「主体」の変化が第一の論点である。

第二の論点は、企業の業態の相違により、取引の安定性や提携関係の深さが異なる点である。フードシステムでは、効率性やパートナーシップのあり方によって、「情報共有化」→「継続的取引」→「経営資源の依存関係」→「資本提携」という順に提携関係が深化する。農業者が提携関係を取り結ぶ場合、一般的に量販店→外食産業→食品産業の順で提携関係が深くなる。

今日の川下主導型流通システムの下では、消費者の需要の変化によるリスクを川下企業は川中、川上に転嫁しがちである。その際、提携関係の深さや企業の体質が問題となってくる。斉藤修氏は、「取引の安定性は食品メーカーと生産者の全量取引の契約生産でもっとも高く、食品メーカーでは需給調整を企業側が担当し、リスクを吸収して農業側の規模拡大や生産性の向上を図っている」と指摘するとともに、「川下での価格競争で川中・川下の企業のコスト節約や合理化が進展しにくければ、川上の農業へのしわ寄せが発生する」可能性についても示唆している。(2)

このこととも関わって、しばしば指摘される「資本による農業支配」の基礎となる「主体間の非対称性」が第三の論点である。フードシステムにおいて、買い手側の川中、川下（食品産業や量販店など）では相対的に少数の大規模企業による寡占的競争構造であるのに対し、川上（農業）では多数の小規模経営による原子的競争が繰り広げられている。

また、提携関係の第一段階である「情報共有化」においても、「対称性」が見受けられる。フードシステムにおいては共有すべき情報を発信できる主体が優位に立つ。今日の状況を見れば、多くの場合、「消費者ニーズ」という情報はもっぱら「川下」、「川中」が発信し、本来なら「川上」が発信すべき「商品情報」も、量販店のプライベート・ブランド、食品産業のナショナル・ブランドなどにより制御され、「川下」、「川中」が消費者に発信する形になっている。

こうした「主体間の非対称性」は提携関係における交渉力の差をもたらし、「資本による農業支配」という状況を生み出しかねない。

以下では具体的な事例をとりあげ、農業経営の多角化をフードシステムの主体間関係における戦略的行動の一環として検討したい。

2　農業経営多角化の動向と政策課題

(1)　農業経営多角化の現状

法人経営と農家の相違　農業経営の多角化に関する意向は法人経営と農家とでは異なっている。北陸農政局が行い、二〇〇〇年六月に公表した意向調査では、北陸地区で稲作複合経営に取り組んでいる農家の二一・七％が複合部門の経営について「規模拡大」を指向し、「新しい経営部門の導入」の意向を示したのは八・一％にとどまったが、法人経営では「規模拡大」が二五・四％、「新部門導入」が二一・七％であった。また、拡大・導入したい部門として、農家が「野菜」（三一・四％）をトップにあげたのに対し、法人経営は「農産加工」（三三・三％）をあげた。複合部門拡大の課題として、農家では「栽培技術の習得」（三八・〇％）、法人経営では「マーケティング・販売手法の習得」（四一・四％）が最多であった[3]。

日本経済新聞社が全国農業法人協会加盟の農業生産法人の経営者を対象に行った「第二回全国農業生産法人アンケート」結果（一九九八年九月一七日公表）によれば、「異業種が生産法人に出資して農業経営に参入すること」について、四〇・五％が賛成しており、多くの法人経営が農外企業との戦略的提携により、現在の問題点である「資金力の不足」（五〇・八％）、「生産コスト削減」（四六・四％）、「販売力などマーケティング力の不足」（四一・六％）などを克服することを考えている[4]。

以上のように、法人経営は多角化への意向が強く、積極的に農産加工などの川下部門に展開するとともに、農外企業との提携により、自らの経営の弱点を克服することを考えているのに対し、農家では既導入部門の規模拡大を強く志向し、多角化の方向も農業内部にとどまっている。いわば法人経営の方がフードシステムに能動的・積極的に関わろうとしているのである。

農業経営内部での複合化の現状

ここでは「二〇〇〇年世界農林業センサス」（センサスと略）の結果を用いて、農業経営多角化の現状について検討するが、経営多角化を①農業内部での作目の複合化、②農業生産以外の関連事業の展開、に分け、最初に農業内部での複合化の現状について検討する。

図3-1は販売農家における単一経営、複合経営の割合の変化を示したものである。全体として単一経営の割合が上昇し、準単一複合経営、複合経営の割合が低下していることがわかるが、作目別に見ると、大宗を占める稲作単一経営の割合が一九九五年から二〇〇〇年にかけては低下し、その他（施設野菜、花き・花木、肉用牛）の単一経営の割合が上昇している。

図 3-1　農業経営組織別農家割合の推移

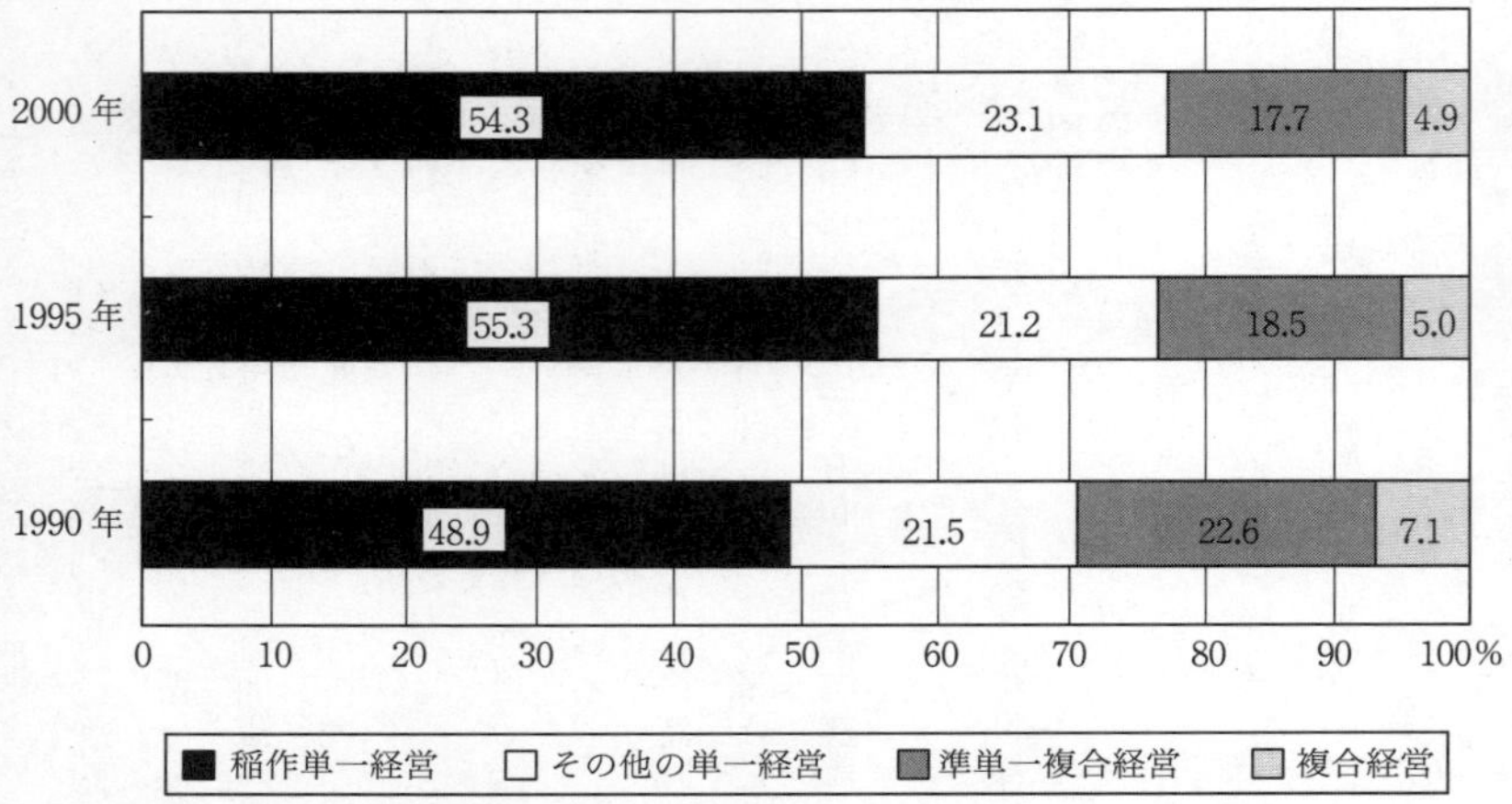

資料：農林水産省統計情報部『2000 年世界農林業センサス結果概要 I』.

これらの経営組織別に二〇〇〇年時点での主副業別農家構成を見ると（図3-2）、単一経営全体で副業的農家が過半を占め、とりわけ稲作単一経営では副業的農家が六割以上を占めている。では、準単一複合経営や複合経営で主業農家が多いかといえば、そうではなくいずれも五割に満たない。主業農家が大宗を占めているのは稲作以外の単一経営であり、施設野菜、畜産部門では七割以上が主業農家である。

以上の点を前述した農家の意向調査結果、すなわち、法人経営は多角化への意向が強いのに対し、農家では既導入部門の規模拡大を強く志向し、多角化の方向も農業内部にとどまっているという結果とあわせて考えれば、個別経営体における効率的かつ安定的な農業経営は複合化を指向するよりも、現時点で成功している単一部門の規模拡大を指向し、後で改めて指摘するが、農業経営多角化もそれに付随する範囲で行っていると言える。

次に、農家以外の農業事業体の複合化の状況について検討する。経営組織別に見た場合（図3-3）、農家以上に単一経営の割合が大きく、耕種部門の単一経営がその過半を占める。ただし、一九九五年から二〇〇〇年にかけて、準単一複合経

図 3-2　農業経営組織別にみた主副業農家数の構成（2000 年）

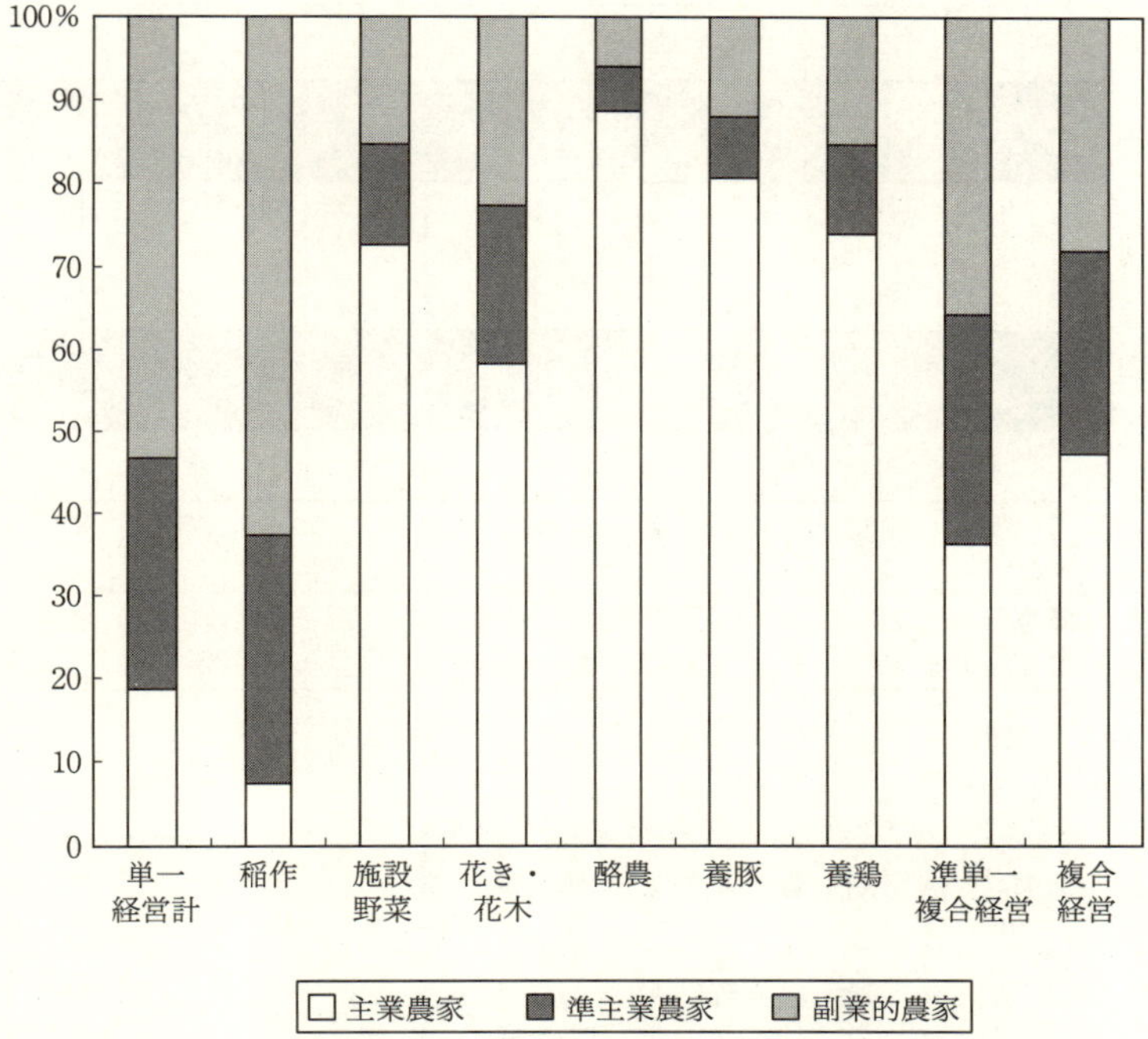

資料：図 3-1 に同じ.

営、複合経営の割合が増加するとともに、農家とは異なり、稲作や麦作の単一経営の割合が増加している。準単一複合経営、複合経営の割合の増加は、前述した意向調査結果に見られた法人経営の能動性の現れであるが、稲作や麦作の単一経営の割合の増加はやや意味が異なる。もちろん、稲作を拡大し、積極的にコメ・ビジネスに関わろうという経営もあろうが、第二章でも指摘したように、この間増加している農業事業体の中には、担い手のいなくなった農地を請け負ったり、生産調整に対応するための集落営農の中心としての受託組織が数多く含まれている。

農業事業体の経営組織別の状況が農家の状況とは逆の様相（稲作単一経営の増加）を示していることは示唆的であり、地域レベルで農家=個別経営体

図 3-3　農業事業体の経営組織別割合

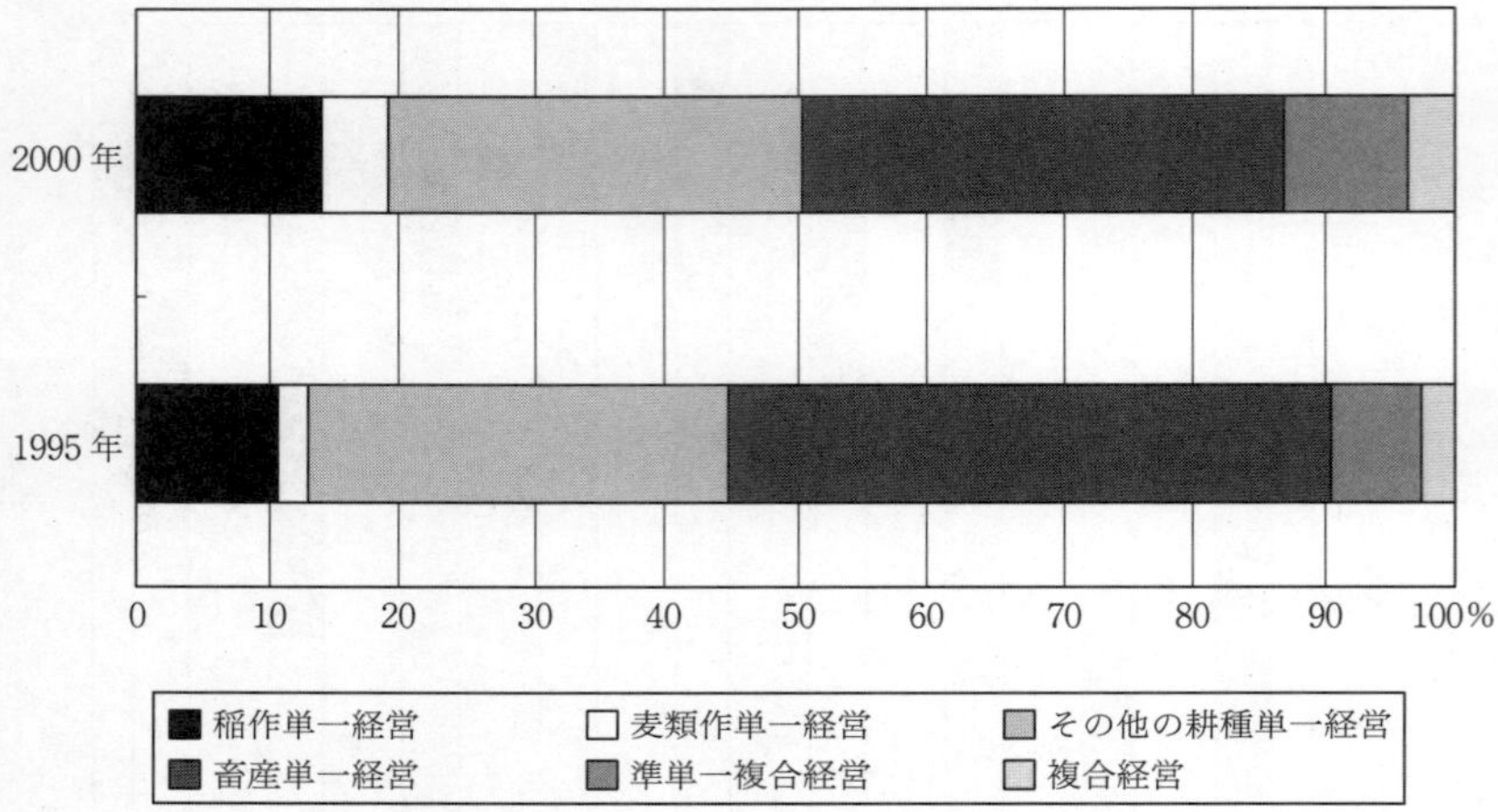

資料：図 3-1 に同じ.

と農業事業体＝組織経営体が補完的に作用していることがうかがわれる。すなわち、個別経営体における効率的かつ安定的な経営体のうち稲作以外の単一部門に特化する経営体は、稲作部門やそれに付随する転作部門を切り離し、それを集落内の組織経営体に委ねることで成り立っていると言えよう。

このような組織経営体はそれ自体が効率的かつ安定的な経営体というよりも、個別経営体が効率的かつ安定的に営まれるよう補完する役割を担っているが、一方で稲作単一、麦類作単一の農業事業体の中にも、それ自体が効率的かつ安定的な経営体を目指すものもある。現行の政策体系における支援策では、その二つの類型が必ずしも区別されていないように思える。言い換えれば、このような組織経営体に対する政策は、経営の安定を図る経営政策の側面と地域の農地等の保全を図る地域政策の側面があるが、個々の経営体毎に重点の置き方が異なって然るべきだということである。しかしながら、地域レベルでの施策ではそれが明確には把握されておらず、どちらかと言えば、後者、すなわち地域の農地保全等が前面に押し出され、当該経営体の経

表 3-1　販売農家および販売目的の農業事業体の関連事業の取組状況（全国，複数回答，2000 年）

区分			全販売農家数および販売目的の全事業体数	関連事業を行っている農家数および事業体数（A）	事業種類別の比率（A に対する%）				
					農産加工	直販	観光農園	その他	
									農作業受託
農家			2,336,908	253,444	8.0	33.0	3.0	66.8	63.8
農家以外の事業体	計		7,542	3,089	24.2	37.2	8.4	52.5	44.4
	単一経営	稲作	1,031	528	12.7	24.6	0.4	94.1	93.8
		果樹類	358	194	35.1	55.7	47.4	8.8	2.6
		花き・花木	454	221	10.9	51.6	12.7	22.6	8.1
		酪農	298	99	41.4	28.3	10.1	50.5	36.4
		肉用牛	631	162	16.0	27.2	2.5	60.5	40.7
		養豚	602	114	27.2	36.8	0.9	38.6	16.7
		養鶏	1,015	316	34.2	60.4	2.2	15.5	4.4

資料：図 3-1 に同じ．

営安定が後景に押しやられている場合も見受けられるのである。

農業生産以外の事業の現状

　農業内部の複合化の検討にひきつづき、ここでは本来の「経営多角化」である農業生産以外の関連事業の検討を行う。

　表3-1は農家および農業事業体の農業生産関連事業について示したものである。関連事業を行っている農家は販売農家（二三三万六九〇八戸）全体の一割強を占めている。こうした農家がすべて主業農家というわけではないが、販売農家全体に占める主業農家（五〇万四八四四戸）の割合が二割程度であることを考えれば、効率的かつ安定的な経営体を目指す多くの農家が関連事業に取り組んでいるといえよう。ただし、関連事業の種類を見ると、大半は農作業の受託であり（六三・八％）、それに次いで直販（三三・〇％）が多いが、農産加工は一割にも満たない。そういう意味で、農家における関連事業は、経営多角化といえるものは未だ少数であり、前述したように農業経営に付随する範囲（作業受託や直販）にとどまっていると言えよう。

　農業事業体について見れば、販売目的の事業体（七五四二事業体）のうち、四割以上が関連事業を行っており、農家と比べて農作業受託の比率が低く（四四・四％）、農産加工に取り組んでいる比率（二四・二％）が高い。作目別では、果樹、酪農、養鶏で農産加工に取り組んでいる事業体の比率が高く、直販では果樹、花き・花木、養豚、養鶏が高い。また、稲作ではほとんどが農作業受託に取り組んでおり、果樹では観光農園の割合も高い。以上のように、農家以外の農業事業体は農家と比べて、経営の多角化が進展しており、前述した法人経営の意向調査結果とも一致している。

これまで、センサスの結果を用いて、農業経営多角化の現状を検討してきたが、以下では個別事例をとりあげ、経営多角化の類型化を試みる。

(2)　経営多角化の類型

既存経営資源の活用

前述したように、多くの法人経営がマーケティング力の不足を経営の問題点としてあげている。小売店や消費者を組織化したり、農産加工やレストランを直営したりする動きはこうした弱点を克服し、マーケティング・チャネルを主体的に形成しようとする取り組みである。ただ、多角化によるマーケティング・チャネルの形成といっても一から行うのは困難であり、多くの法人経営は既存の経営資源を有効に活用することで、多角化戦略を展開している。

石川県野々市町で有機米生産などを手がける農業生産法人であるぶった農産（一九八八年に法人化）は、自家栽培の青カブラとブリをこうじ漬けした「かぶらずし」の通販を米の販売で開拓した顧客を中心に行っている。また、自家野菜を使うレストラン経営も模索しており、米をめぐる将来の情勢が不安な中で、既存の経営資源を活用した経営の多角化を図っている。さらに、既存経営資源の活用という点では、これまで培った顧客管理、経営のノウハウを応用した中小小売店向けの顧客情報管理ソフトウェアの開発、販売や他の農業法人や特定非営利団体の設立、運営に関するコンサルタント業務の展開も行い、法人としての収益基盤の強化に努めている。ちな

みに年間売上高約一億三〇〇〇万円のうち、米が約三五％、漬物など加工品が約六〇％、その他が五％となっている。(5)

既存経営資源の活用という点でユニークな多角化の事例は、茨城白菜栽培組合の取り組みである。同組合は茨城県総和町にあり、国内最大規模の白菜生産量を誇る農業生産法人で、茨城、栃木、群馬、埼玉、長野、千葉の各県の約四〇〇戸の契約農業者に生産を委託し、漬物メーカーなどに販売している。この組合は、契約農業者と同組合、メーカーとの間の物流網を活用し、スーパーや飲食店などから出る生ごみを回収、良質の肥料に加工する食品廃棄物のリサイクル事業に乗り出した。生産した肥料は契約農業者で利用するとともに外販も行い、収益につなげる。生ごみ等の回収元に対しては農産物の販売とともに、リサイクル費用を徴収し、これも収益化する。(6)

ややもすれば、他の農業者から一線を画して扱われる法人経営にとって、集落や地域社会との良好な関係も既存経営資源の一つである。長野県長門町の農業生産法人㈲アグリカルチャーは、圃場整備後も担い手がおらず、耕作放棄地となっていた農地を県の農地開発公社の斡旋で借り入れ、ワイン用ブドウの契約生産をするとともに、一部をジュースに加工し、消費者に直接販売している。(7)

他にも、宮崎県都城市のはざまも多角化品目の販路開拓や養豚経営から生じる糞尿の堆肥化などで既存経営資源を活用している。

以上の事例を前述した論点との関わりで評価すれば、農業・農村側における「主体」の変化、経済主体としての成熟化として捉えられよう。川下に事業を拡大し、マーケティング・チャネルを独自に形成することで、フードシステムにおける主体性を確立するとともに、収入源の多様化でリスク分散を図っている。また、食品廃棄物リサイクル事業や家畜廃棄物の堆肥化事業など静脈流通の経営資源化は、フードシステムの他の主体との関係で農業者が優位に立てる部門であり、戦略的提携を進める上で意義を有している。

以上をまとめると、①ある農産物の販売で開拓した顧客、マーケティング・チャネルを他の農産物、農産加工品の販売にも利用する、②それまでに培った顧客管理、経営、販売のノウハウを商品化する、③食品産業や外食産業との間の物流網を「静脈流通」(生ゴミ、食品廃棄物のリサイクルによる肥料加工)にも活用し、それをも収益化する、④それまでに築きあげてきた集落や地域社会との良好な関係を利用し、優先的に農地を斡旋してもらう、ということになろう。

垂直的多角化　企業との提携関係において、リスクが農業者に転嫁される可能性を前に指摘したが、それを回避するためには、共有化すべき経営資源としての商品情報を農業者自身が積極的に発信するとともに、マーケティング・チャネルを単一ないしは少数の企業に限定しない工夫が必要である。

山形県鶴岡市の農業生産法人ドリームズ・ファームは、無菌パック米飯の生産を手がけているが、自社ブランドでの供給とともに、地元の生協や病院食などのほか、首都圏の農産物宅配会社、食品メーカーなどへのOEM供給(相手先ブランドによる生産)も行っている。また、法人に出資する農業者が栽培した低農薬・有機栽培米を原料に用い、天日乾燥に近い状態で米を保管するライスセンターを利用している(8)。

同法人の場合、原料、保管方法により商品の差別化を図り、自社ブランドも有することで自ら商品情報を発信することができるため、この商品情報は共有すべき経営資源としてOEM供給の際にも活用することができる。いずれにせよ、自社ブランドでの供給、OEM供給など提携関係を多様化することで、もっぱら川下、川中の事情、都合だけが提携関係のあり方、深さを規定するという事態を避けられる。

また、多くの法人経営が手がけているレストランの経営や農産加工品の直接販売は、ややもすれば川下に頼りがちな消費者の需要動向を自ら把握することで、需要変化によるリスクを転嫁されないようにするとともに、「消費者ニーズ」という情報を自ら発信することで「商品情報」の質を高め、提携関係の多様化において優位性を保つことができる。

宮城県迫町の農業生産法人㈲伊豆沼農産は水稲生産・畜産とともに食肉加工（ハム・ソーセージ等）も手がけている。その食肉製品はデパートや外食産業に販売するとともに、自ら小売店舗とレストランを経営し、消費者の需要動向の把握に努めている(9)。

以上のような情報把握・発信における主体性の確立は、農業者・提携企業双方の効率性を向上させ、パートナーシップを強めることで、提携関係の安定性を高めるとともに、「主体間の非対称性」を克服し、リスクが一方的に農業者にしわ寄せされないようにする点で、前にあげた論点と関わっている。

以上をまとめると、①相手先ブランドでの生産（OEM供給）とともに自社ブランドでの供給を行い、農外企業との提携関係を多様化することで、商品情報発信の主導権を確保する、②より「川下」部門まで手がけることで、「消費者ニーズ」を直接把握し、商品情報の質を高めるとともに、農外企業との提携関係で優位性を保つ、ということになろう。

水平的な提携関係の構築

フードシステムにおける企業との提携で最大の問題となるのが、「主体間の非対称性」による交渉力の差である。前述したように、提携先の企業側では概ね少数の大規模企業による寡占的競争構造であるのに対し、農業者側では多数の小規模経営による原子的競争が繰り広げられている。企業はこの原子的競争構造を利用し、有利な提携関係を取り結ぼうとする。農業者側としては、原子的競争をなるべく回避することが必要である。本来、農協による共販体制はその一環となりうるのであるが、食管制度、卸売市場制度の下で長年にわたって硬直的な販売体制に慣れてしまったため、現段階のフードシステムにおける多様な提携関係の下では、一部を除き十分に機能しているとは言い難い。

むしろ農業・農村に新たに現れた経済主体である農業生産法人が他の農業法人、農業者を組織し、水平的な提携関係を構築することで原子的競争を回避し、交渉力を増す戦略的行動をとっている。

秋田県横手市で養豚業を営む農業生産法人横手ファームは近隣の養豚家をグループ化、養豚経営研究会を作り、生産や経営の状況を検討し合うとともに、メンバーの法人化を積極的に進めてきた。また、メンバーと共同出資で「ニューファームサービス」という株式会社を設立し、飼料の共同購入、肉豚の輸送、畜産機材の販売など養豚に必要なサービス全般を提供し、経費の削減に結びつけている。[10]

外食産業との提携で先駆的役割を果たしている農業生産法人イズミ農園（山梨県大泉村）の取り組みも水平的提携の事例としてあげられよう。同法人は早くからすかいらーくグループと提携するとともに、全国各地の農業生産者を指導し、多くの農業者と契約関係を結んでいる。このネットワークを通じて、外食産業、量販店の求めに応じて各地から野菜、果物を調達している。一九九六年にはすかいらーくと共同出資で有機野菜の卸売会社「いずみ」を設立し、すかいらーくの物流機能、販路開拓ノウハウとイズミ農園の生産者ネットワーク、生産ノウハウを組み合わせ、双方の経営資源の共有化を図っている。最近では、グループの全国約二〇〇戸の農業者をインターネットを通じて結び、生産管理を一元化する「サイバーファーミングプラン」を開始した。農業者からの情報を基にした技術指導とともに生産状況の把握や調達が可能かどうかの情報収集にも利用している。[11]

以上のような事例では、農業生産法人、農業者間の水平的提携関係、ネットワークの構築が経営資源の優位性の基礎となり、企業との垂直的提携関係における「主体間の非対称性」を克服しているという点で、前述の論点と関わっている。

以上をまとめると、①農業生産法人同士が生産資材の共同購入によるコストの削減を図り、生産物の物流システムを共有化することでコスト削減するとともに販売面での優位性を確保する、②農業生産法人がネットワークを形成し、販路開拓のノウハウ、生産技術などの情報の共有化を図る、ということになろう。本来こうした「モノ」や「情報」の共有化・共同化は農協の役割であるが、一部の農協を除き、法人経営に対する対応が十分ではないために、農業生産法人自らが他の農業法人、農業者を組織し、水平的な提携関係を構築していると言える。また、農業法人間の提携関係は、広域合併した農協の事業区域をも越えた範囲にまで広がっており、そういう点でも農協では対応できない。「モノ」や「情報」の面での提携に加え、「カネ」（資金面での融通、出資など）や「ヒト」（雇用労働力確保における共同の取り組み、農業法人間の人事交流、研修の相互受け入れなど）の面にも提携関係は広がりつつある。

以上のような経営の多角化に対応したような支援策は従来の経営政策の範囲を越えざるをえない。農林水産省内部においても、経営局における経営改善や税制などの業務と総合食料局における食品流通、食品製造業、外食などの業務、生産局における肥料、農業機械、農薬、種苗、環境保全型農業などの業務が密接に関連しあった政策体系の構築が必要である。また、農林水産省内部だけでなく、他省庁との連携も必要である。とりわけ人材面での支援策では厚生労働省や経済産業省との連携が必要であろう。他にも、いわゆる「静脈流通」の分野では環境省との連携が不可欠であろう。

都道府県段階では、例えば宮城県などで、従来型の産業別行政組織を目的別行政組織に改組したところもある。人材育成面での支援、販売面での支援や経営資金の支援で、農業を中小企業などと同じ枠組みで考え、それぞれの目的別に同じ課で担当するようにしている。実態として有効に機能しているかどうかはともかく、考え方としては有効であり、今後の組織および政策体系のあり方として一つの方向を示している。

(3)　農外企業等との提携の現状

前項で示した農業経営多角化の類型は農外企業等との提携を前提している。そこで本項では、外部との提携関

表 3-2　契約生産を行っている販売農家および販売目的の農業事業体の状況

（全国，主位部門，2000 年）

区分		販売農家	販売目的の農業事業体
合計		2,336,908	7,542
契約生産を行っている数		177,811	2,165
契約生産対象主位部門別の比率	稲作	49.4	14.8
	麦類作	0.7	2.5
	雑穀・いも類・豆類	3.2	4.6
	工芸農作物	4.8	1.6
	露地野菜	13.0	4.5
	施設野菜	6.3	6.3
	果樹類	8.3	3.9
	花き・花木	3.6	6.8
	その他の作物	2.5	7.1
	酪農	2.8	3.6
	肉用牛	2.4	7.7
	養豚	1.0	11.1
	養鶏	1.6	24.1
	その他の畜産	0.3	1.5

資料：図 3-1 に同じ．

係について検討する。

表3-2は契約生産を行っている農家および農業事業体について示したものである。販売農家（二三三万六九〇八戸）のうち、七・六%が契約生産を行っており、前述した農業生産以外の関連事業に取り組んでいる農家よりも若干少ない。契約生産の対象になっている主位部門の約半数が稲作での契約生産であり、食糧法施行後の米流通における変化を反映している。他にも、露地野菜（一三・〇%）の比率が比較的高いが、それ以外は一〇%に満たない。比較的安定的に供給でき、契約生産に適しているように思える施設野菜よりも露地野菜の比率が高いのは、農家による契約生産では、農産物のあり方にこだわる消費者に差別化商品を供給するためのものが多いことを物語っている。

農家以外の農業事業体については農家と若干異なっている。販売目的の事業体（七五四二事業体）のうち、約三割が契約生産を行っており、農家よりも比率が高い。農家と異なり、養鶏が最も多くなっているが、二四・一%にすぎず、次いで稲作も多いが、一四・八%にとどまっている。他には、養豚（一一・一%）、肉用牛（七・七

表 3-3　販売目的の農業事業体の出資受入状況（全国，重複有り，2000 年）

区　　分	実　数	Aに対する比率（%）	Bに対する比率（%）
販売目的の農業事業体の総数（A）	7,542	100.0	—
法人格を有する事業体	5,273	69.9	—
会社形態の事業体	3,447	45.7	—
株式会社	812	10.8	—
有限会社	2,601	34.5	—
合名・合資会社	34	0.5	—
出資を受けた事業体（B）	985	13.1	100.0
地方公共団体から出資を受けた事業体	190	2.5	19.3
地方公共団体からの出資のみ	99	1.3	10.1
農協・その他の農業団体との共同出資	52	0.7	5.3
その他	39	0.5	4.0
農協･その他の農業団体から出資を受けた事業体	304	4.0	30.9
その他から出資を受けた事業体	624	8.3	63.4

資料：図 3-1 に同じ.

%）などの畜産部門が比較的多く、その他の作物（七・一%）、花き・花木（六・八%）、施設野菜（六・三%）なども多いが、養豚以外は一割に満たず、農家よりも部門が分散している。農家とは逆に、露地野菜よりも施設野菜の方が多いのは、契約生産の相手方が安定供給に重きを置く食品産業や外食産業など企業へ供給するためのものが多いことが推測される。

では次に、提携関係がより深化した「資本提携」の現状について検討する。表3-3は販売目的の事業体（七五四二事業体）のうち、出資を受けた事業体について示したものである。出資を受けた事業体は九八五事業体（一三・一%）、そのうち民間企業が含まれるその他から出資を受けた事業体は六二四事業体（八・三%）にとどまっている。販売目的の事業体のうち、五二七三事業体（六九・九%）が法人格を有しており、そのうち三四四七事業体（四五・七%）が出資を受けやすい会社形態（株式会社八一二事業体、有限会社二六〇一事業体、合名・合資会社三四事業体）を採用していることから考えれば、出資を受けた事業体は未だマイナーな存在であると言えよう。

前述したように、意向調査では過半数の法人経営が民間企業との戦略的提携により、現在の問題点である「資金力の不足」を克服することを考えており、その期待からすれば、不十分な状態である。この点も含め、以下では農業者の能動性を支援するための政策的課題を提起しておきたい。

(4) 政策的課題

多角化機会の拡大

第一に、農業者が他部門に多角化する機会を拡大することである。農地法改定による農業生産法人制度の規制緩和はその一環となる。また、農業生産法人が経営を多角化する際には、新規に取り組む部門であることから、税制上の優遇措置や融資制度の拡充、補助金などで支援する必要があろう。北海道では法人経営の多角化のための補助制度が「法人経営多角化推進事業」として導入されている。提携先の企業との仲介も求められよう。生産振興を図っている大豆、麦の実需者との交流はある程度進められているが、農業者が有する経営資源を有効に活用する方向で充実するべきである。例えば、農業者が他の品目の独自販売により構築した消費者ネットワークを使い、「国産大豆サポーター」などを組織し、農業者が生産した大豆を実需者が加工し、サポーターの消費者に販売する仲立ちを行政が担うことなどである。

経営資源の形成促進

第二に、農業者の経営資源の形成を促進することである。経営資源には生産物の特性、既存の物流網、地域の社会関係、情報、技術、販路、ノウハウなど様々なものがあるが、俗に言う「ヒト、モノ、カネ、情報」それぞれの分野の経営資源形成に行政が関わることができる。農業者に対する研修の充実、農業者間および異業種・消費者とのネットワークの構築、物流の整備、物質循環システムの構築、制度融資などによる資金提供、税制面での優遇、情報の提供、情報発信の支援などがあげられよう。

リスク・マネージメント支援

第三に、農業者のリスク・マネージメントを支援することである。一般的に言って、農業者のリスク・マネージメントは甘い。行政としては、気象変動などに備えた作物共済や価格変動に備えた経営安定対策など既存制度の他に、販売等の商行為に伴うリスク、例えば契約の不履行、代金回収のリスク、優越的地位の濫用による取引条件の悪化、詐欺、などに備えるリスク・マネージメントを支える制度（保険制度や訴訟支援制度など）の整備などが考えられる。その前提として、農業者自身がリスク・マネージメントを強く意識するような研修制度などもあってしかるべきであろう。

地域レベルでの施策の重点化

第四に、地域レベルでの組織経営体に対する施策についてはそれぞれの経営体の位置づけにあわせて重点の置き方を変えるべきである。現行の組織経営体には、それ自体が効率的かつ安定的な経営体を目指すというよりも、個別経営体が効率的かつ安定的に営まれるよう補完する役割を担っているものがある一方、それ自体が効率的かつ安定的な経営体を目指すものもある。現行の政策体系における支援策では、その二つの類型が必ずしも区別されていないように思える。組織経営体に対する政策は、経営の安定を図る経営政策の側面と地域の農地等の保全を図る地域政策の側面があるが、地域レベルでの施策では、どちらかと言えば、後者、すなわち地域の農地保全等が前面に押し出され、当該経営体の経営安定が後景に押しやられている場合も見受けられる。

農業者の権利と地位の保全

第五に、企業との提携関係においては、農業者の主体性を確立することに重点を置く必要がある。経営感覚や契約意識の醸成、主体的な提携関係の構築、競争的環境下における主体的取り組みなど、企業と対等に提携できるパートナーとしての農業者自身の成長を図るとともに、法制上も農業者の権利や地位を保全することが必要である。とりわけ、しばしば指摘される企業側の「優越的地位の乱用行為」（独占禁止法での禁止事項）が生じないように監視を強めることも必要であろう。

横断的な支援体制の整備

第六に、これまでの業務の枠を越えて拡大する経営多角化の実状に対応し、従来の経営政策の範囲にとどまらない支援体制が必要である。農林水産省内部はもとより、他省庁との連携や民間との連携も考慮に入れる必要がある。また、都道府県、市町村段階では、法人経営については中小企業と同じ枠組で、人材育成、商品販売、経営資金の支援を図ることも考えられる。

3　企業の参入と農業経営の多角化

(1)　地元中小企業による農業生産法人の設立

これまで農業者側から農業経営多角化の意味を論じてきたが、以下では提携相手である企業側から検討しておきたい。農外企業による農業への参入は食管法の廃止、食糧法の施行などの規制緩和とともに徐々に進展してきたが、二〇〇〇年一一月に成立し、〇一年三月一日から施行された農地法改定による農業生産法人制度における大幅な規制緩和を受け、拍車がかかっている。この改定では農業生産法人の形態として株式会社を認め、出資比率二五％を上限に異業種の資本参加を容認している。ちなみに前述したぶった農産も全国で初めて会社組織を有限会社から株式会社に〇一年三月一日付で変更した[12]。

農業生産法人の株式会社化が可能になったとはいえ、全国で事業展開する大企業は自ら農業法人を設立するというよりも既存の農業生産法人との提携が中心である。それに対して、地元の中小企業が農業生産法人を設立し、事業を多角化する事例が現れている。

茨城県土浦市の米卸売業者の田島屋は日本たばこ産業の技術協力で茨城県阿見町に大規模な温室を建設し、トマトの試験栽培、キュウリやナス、ミニカボチャ、アオジソ、モモ、ブドウ、ナシ、メロンなどの栽培実験を開始した。農業生産法人を設立し、米の販売網を活用した首都圏の消費者向け販売を行う方針である。また、大規模栽培施設を活用した観光農園の運営も検討している[13]。

北海道北広島市のエルム建設は、農業生産法人エルム・グリーン・ファームを設立し、カトレアのビニール・ハウス栽培を行い、札幌圏市場で三〇%弱の出荷シェアを占めている。同社が植物の栽培に関わったのはゴルフ場のコース改造工事を請け負った際、芝の栽培方法を研究したことがきっかけである[14]。

宮崎県川南町の㈲川南農業土木の場合、もともと農業者であった代表が農閑期の仕事として、重機作業、青果物流通、土木作業などを行うために設立したが、大型トラクターのフル活用を考え、地域の農作業受託も行うようになり、農業生産法人にした[15]。

以上の事例の場合、マーケティング・チャネルや栽培技術、機械などの既存の経営資源を活用して農業経営に参入している。また、田島屋のように大企業との技術提携を行っている場合も見受けられる。

(2) 大企業による取り組みの特徴[16]

大企業の農業分野への参入は、前述したように既存の農業生産法人との提携が中心であるが、それにとどまらず、直接農業生産にのりだす事例もある。最近見られた農業分野への大企業の参入事例は以下のとおりである。

伊藤忠商事（総合商社）——有機野菜生産の農業生産法人イズミ農園と一九九八年三月末に業務提携し、同農園が契約農業者への栽培指導を担当、当社が農産物に関する物流施設や情報システム構築を担当する。これらのシステム化で有機野菜を通常野菜と同等価格で流通させる。

オムロン（制御機器）——子会社と永田農法研究会の共同出資で新会社を設立し、一九九八年末には北海道南部に東京ドームの一・五倍の広大な温室を建設し、年間一四〇〇トンのトマトを首都圏に販売する。

カゴメ（トマト加工メーカー）――トマトをはじめとする生鮮野菜の栽培、販売事業に参入した。農業生産法人を組織化し、独自に改良したトマトの苗と栽培技術を提供する。生産した農産物はスーパーや外食チェーンに直接販売する。

セコム（警備）――子会社が東北南部に植物工場を建設し、ハーブを栽培、販売する。光や温度などの環境制御により独自のハーブ作りを進めている。

トヨタ自動車（自動車）――一九九八年から農水省九州農業試験場と、家畜飼料に向くサツマイモの新品種開発と利用方法の共同研究に着手した。二〇〇一年をめどにサツマイモを利用した飼料の加工・生産の事業化を目指す。

ドール（青果）――ロジスティクス整備を進めており、全国七カ所に輸入青果物用のプロセスセンターを完成させている。また今後全国一五カ所にカット青果物工場を建設予定である。ロジスティクス整備により小売価格の二五～三〇％ダウンを見込む。

日商岩井（総合商社）――有機農産物卸のトーシン（栃木市）と協力し、農業生産法人を中心に、当面約八〇〇農業者を組織化し、旗揚げした。米国の有機農産物認証機関ＯＣＩＡ（Organic Corp Improvement Association）の有機農産物認定ノウハウを導入し、生産した作物の販売を行う。

日本たばこ産業（たばこ）――一九九八年六月からスーパー等を対象に野菜販売事業を本格的に展開している。全国の農業者を組織化し、自社開発した種苗、肥料を供給する。

プロミス（金融）――北海道中部で約六〇〇ヘクタールの農地、山林を取得し総事業費七〇～一〇〇億円で大規模な農業経営を進める。

三井物産（総合商社）――国内肥料部門を分社化し、地方自治体を対象にこだわり農産物の産地作りを製造・

販売の両面からコンサルティングする。有機肥料の生産、農産物栽培指導、販路開拓をパッケージ化し環境保全型農業への転換支援ビジネスを行う。

キユーピー（食品）——人工照明や独自の水耕栽培装置を駆使した「ハイテク植物工場」を運営している。

キリンビール（ビール）——子会社のキリンインターナショナルトレーディング（東京・渋谷）が国内の農業生産法人、農業者と契約し、有機・無農薬のレタス、トマトなどを生産して出荷する。グループの外食産業向けと一般消費者への通信販売、大手スーパー向けの販売も計画している。

片倉チッカリン（化学肥料）——農協や農業生産法人と栽培契約を結び、外食産業や量販店に販売する。肥料メーカーとして培った土壌分析や施肥設計のノウハウを生かして栽培指導に当たる。高品質な有機野菜を安定的に通年供給し、自社製品である有機肥料の販路拡大にもつなげる。

三井東圧肥料（化学肥料）——全国の農業生産法人や農協などと組んで有機農産物ビジネスに進出する。肥料販売で培った農業生産者のネットワークを活用、有機農産物の生産・集荷を委託し、外食産業や量販店に直接販売する。将来、東京、大阪など消費地に配送センターを建設する。

伊達物産（ブロイラー生産）——契約農業者の農業生産法人設立を支援する。法人設立に向けて経理、販売といった経営ノウハウを提供するほか、これまでの地鶏・ブロイラーに加え、トマトや飼料米などの買い取りも農業者に保証し、設立法人の成長を支援する。契約農業者の経営能力を高め、同社は販売ルートの安定確保など需給調整を担う体制に移る。伊達物産は福島、宮城両県に七〇戸の契約養鶏農業者を組織し、地鶏・ブロイラーの買い取り販売を手がけている。

三井物産アグロビジネス（農業生産資材）——首都圏に物流センターを設置、農業生産者を顧客とする野菜物流事業を本格化する。卸売市場を通さずに野菜を外食産業やメーカーに直販する農協や農業生産法人が増えており、物流ニーズが高まると見ている。同社は肥料など資材販売に次ぐ事業として野菜ビジネスを位置づけており、早期に一〇〇億円規模に育てる計画である。

ニュー・クイック（精肉専門店大手、神奈川県茅ケ崎市）——福島県内の農業生産法人から牧場の営業権を取得、地元の農業者などと共同で「銘柄牛」の肥育に取り組む。和牛肥育のノウハウを独自に研究することで、今後の仕入れや社員の肉牛に対する知識向上に生かすのが狙い。和牛肥育を手掛けるいわき遠野牧場（いわき市）から営業権を譲り受けた。ニュー・クイックは全国で七二の農業者と直接仕入れの契約をしているが、牧場を自ら経営するのは初めてである。

アレフ（外食大手、北海道）——ハンバーグ専門レストラン「びっくりドンキー」を展開し、野菜など食材の自社生産を増強する。札幌市近郊の農場「グリーンファクトリー」にハウス栽培と育苗の施設農業法人「アレフ牧場」（伊達市）で肉牛を品種改良する。グリーンファクトリーは石狩管内広島町、新篠津村の三カ所に分散する合計約三万一〇〇〇平方メートルの農地を有する。ミニトマト、大根、白菜などを生産している。

以上の事例に見られる企業による取り組みの特徴は農業生産法人を組織化するなど積極的に農業者との提携関係を構築していることである。経営に関するコンサルタント業務を行うとともに、情報、ノウハウ、技術、マーケティング・チャネル、物流センターの設置、流通網の構築、資金など経営資源の提供を行い、共有化を進めている。

また、いくつかの事例では農業生産資材の供給と農産物の買い入れを結合させたアグリビジネス型提携にまで進展している。こうした提携では、農業者だけでは導入することができないハイテク技術や施設が実験的意味も含めて提供されている場合がある。

農業者にとって、こうした大企業の取り組みは、自らに不足している経営資源を補完するものとして機能すれば、効率性を高めることができるが、前述した「主体間の非対称性」が前面に出てくるため、リスクのしわ寄せを受けやすい。そうならないためには、農業生産法人の事例で示したように、自らが優位性を持つ経営資源を確立し、それを共有化すること、提携関係の多様化を図り、リスクを回避すること、同業者との水平的提携を進め、過当競争に陥らないこと、などが重要であろう。

4 農業経営多角化の再考—農業・食料分野の規制緩和と企業—

これまで農業者（農家、法人経営）が「効率的かつ安定的な農業経営」をめざす能動的行動として、農業経営の多角化と企業との提携関係について検討してきたが、企業（資本）の側から見れば、やや事情は異なる。これまで農業・食料分野では様々な規制や農村社会の独自性（共同体的状態など）により、企業は農業・農村内部に提携すべき「パートナー」を求めることができず、能動的行動を制限されてきたが、規制緩和の進展や農業・農村側の経済主体の変化により、ようやく積極的に働きかけできるようになったということである。言いかえれば、これまで障害となっていた規制が緩和、撤廃され、農村社会も変化する中で、農業経営の多角化に対応した企業側の働きかけは「農家経済の包摂・支配」を深化させる契機ともなりうるということである。

では、どのような規制が障害となっていたのか。本章の最後に近年の財界による規制緩和要求の推移を簡単に検討することで、企業による農業・農村への働きかけの意味を考えたい。

財界としての農業・食料分野に関する包括的な規制緩和要求は一九九四年五月に公表された「農業・食品産業の規制緩和等を求める」（経団連）に示されている（第一章の表1-4参照）。この提言は大きく二つの部分からなり、前半は「食糧管理制度の見直し等」、後半は「食品工業の原料調達問題の改善に向けた関連規制の緩和等」を求めたものである。

前半部分には、「選択的減反制度の導入」、「米穀生産者の直接販売の拡充」、「米穀流通に関する規制緩和」、「自主流通米価格形成の場の改革」、「米穀の政府買入価格、政府売渡価格の引下げ」が盛り込まれており、後の食糧法につながる要求が中心であるが、それ以外にも「農業生産法人の構成員要件の緩和」や「米穀種子販売規制の緩和」といったような米の生産・流通以外の要求も含まれている。後半部分は一二項目から成っているが、主要な内容は、価格政策対象品目における行政価格の引き下げと輸入規制対象品目に関わる制度の見直しである。以降、この内容が基調となり、より具体化されていくことになる。また、食品流通分野で、大店法や食品衛生法、酒税法の見直しも盛り込まれていく。

以上の規制緩和要求の中でも中心的課題となり、先行的に規制緩和が進展していったのが、米流通分野に関する要求である。経団連は食糧法施行直前に「新食糧法の運用に望む」と題する提言を公表し、「米穀流通に係わる規制緩和の徹底」、「米麦の政府買入・売渡価格の段階的引き下げ」、「事業者の自主検査に基づく精米表示の実現」、「生産者の自主的判断が尊重される選択的減反制度の実現」、「自主流通米価格形成センターにおける公正な価格決定・取引方法の確立」などを改めて要求した。

その後に公表された「規制の撤廃・緩和等に関する要望」(一九九六年一〇月二八日、経団連)では、①選択的減反制度の徹底、米穀流通に係る規制緩和の徹底、自主流通米の入札取引の改善等を内容とする食糧法運用面での規制緩和、②小麦、ビール大麦、加工原料乳・乳製品、てん菜・さとうきび、でん粉、豚肉等の農産物価格支持制度等の見直し、③農業生産法人の構成員要件の見直しなど農地保有に係る規制緩和が求められ、「二一世紀に向け新しい規制緩和推進体制の整備を望む」(一九九七年九月一八日、経団連)でも、①農業生産法人に係る諸要件の見直しなど農地取得に係る規制緩和、②市場メカニズムの一層の活用に向けた食糧法の見直し、③農産物価格支持制度（小麦、てん菜・さとうきび、豚肉、加工原料乳）等の見直し等が盛り込まれる。

ここにきて、規制緩和の重点課題は、米流通、価格政策、農地制度に絞られてくる。米流通に関する様々な規制緩和要求は、第一章で詳しく展開したように、食糧法下で順次実現され、その後の農業分野の規制緩和のモデルとなった。この点に関して、一九九八年九月に公表された食料・農業・農村基本問題調査会の答申では以下のように述べている。

「価格が需要の動向や品質に対する市場の評価を適切に反映し、生産現場に迅速かつ的確に伝達するシグナルとしての機能を十分に発揮できるようにすることが必要である。そのためには、生産者と需要者の間で価格形成がより円滑に行われるよう市場の機能を強化していくべきである。これを通じて、農業者が創意工夫を発揮し、市場から高い収益を得るようにすることが肝要である。このような観点から、米政策を的確に推進し、麦については品質評価を反映した直接取引をベースとする民間流通を実現するなど制度や運営の改革を着実に進めるとともに、乳製品・砂糖・大豆等他の価格政策対象品目についても、制度や運営の見直しを行うべきである。」

その後、この答申に基づき、米の分野で実現された民間流通主導、価格政策の見直し、価格の引き下げと経営安定対策による所得の補塡などの内容は、基本法とその関連法により、他の品目（麦、大豆など）にも拡大していく。[17] このような経過から見れば、米流通からコメ・ビジネスへの変化は農業の「包摂・支配」の一段階を画すものであったと言えよう。

最後に残った重点課題である農地制度についても、前述したように、農地法改定により株式会社の農地保有が可能となり、その要件も緩和されていく方向にある。いまや企業はより深く農業に関与した事業展開が可能である。その状況下で、農業経営の多角化は一方で農業者が経済主体として成長し、自らの経営の維持、発展を図ることで主体性を確立する「対抗」の一契機となりうるが、他方で企業への過剰で歪な「対応」は資本による「農家経済の包摂・支配」の契機ともなりうるのである。(18)

注

(1) フードシステム論における基本的論点の叙述に関しては、以下の文献を参考にした。斉藤修「食品産業と農業の主体間関係と戦略的提携――フードシステムの革新方向」『農業と経済』第六六巻第九号、二〇〇〇年七月、富民協会、五～一三ページ、高橋正郎・他「青果物フードシステムの展開と農業」『長期金融』第七九号、一九九七年三月、農林漁業金融公庫、一～二三ページ。
(2) 斉藤、前掲論文、六～七ページ。
(3) 『日本経済新聞』二〇〇〇年六月三〇日付、地方経済面（北陸地方版）。
(4) 同右、一九九八年九月一八日付、一五面、このアンケート調査は、全国農業法人協会加盟の一〇五六法人を対象に同年八月中旬から九月上旬にかけて実施され、五六五法人から回答を得ている。
(5) 同右、二〇〇〇年五月一六日付、地方経済面（北陸地方版）、『日経産業新聞』二〇〇〇年二月二八日付、二一面。
(6) 『日本経済新聞』二〇〇〇年四月二六日付、地方経済面（関東地方版）。
(7) 『日本農業新聞』一九九五年一一月九日付、四面。
(8) 『日経流通新聞』一九九七年二月一一日付、四面。
(9) (有)伊豆沼農産のホームページ（http://nca.agic.ne.jp/hojin/meikan/TH_izu.html）より。
(10) 『日経産業新聞』一九九九年一〇月二五日付、二一面。
(11) 『日経流通新聞』二〇〇〇年六月二九日付、二七面、『日経産業新聞』一九九七年一〇月一二日付、一一面。
(12) 『日本経済新聞』二〇〇一年三月二日付、地方経済面（北陸地方版）。
(13) 『日経流通新聞』一九九九年八月一七日付、八面。
(14) 『日本経済新聞』二〇〇〇年六月二〇日付、地方経済面（北海道版）。
(15) 『日本農業新聞』一九九二年九月五日付、一面。
(16) 大企業の事例については以下の新聞記事を参考にした。『日経流通新聞』一九九九年三月二日付、一面、一九九八年一

一月三日付、一面、一九九八年六月二三日付、一〇面、一九九七年四月一日付、一〇面、『日経産業新聞』一九九八年一一月五日付、一四面、一九九八年六月三〇日付、一七面、一九九八年二月二五日付、一面、一九九七年八月二五日付、一九面、『日本経済新聞』一九九八年一月二一日付、地方経済面（東北地方版）、一九九一年三月八日付、地方経済面（北海道版）。

(17)『「くらしといのち」の基本政策—食料・農業・農村基本問題調査会答申—』農林統計協会、一九九八年（答申の公表自体は九月）、三五ページ。関連法としては、「大豆なたね交付金暫定措置法及び農産物価格安定法の一部を改正する法律」（二〇〇〇年四月公布）、「加工原料乳生産者補給金等暫定措置法の一部を改正する法律」（同年五月公布）、「砂糖の価格安定等に関する法律及び農畜産業振興事業団法の一部を改正する法律」（同年六月公布）、「農地法の一部を改正する法律」（同年一二月公布）などがあげられる。

(18) 中野一新氏は、アメリカに登場した大規模資本主義的農場である「メガ・ファーム」と契約生産、インテグレーションの分析を通じ、「自立性がしだいに失われ、アグリビジネスへの従属的地位に甘んじながら経営内容をより企業化し、資本主義的性格を強めていく存在」と結論づけている。中野一新「アメリカ農業の構造変化と多国籍アグリビジネスによる世界食糧支配」中野一新編著『アグリビジネス論』有斐閣、一九九八年、四〇ページ。

第四章　グローバリゼーション下の経営安定対策

1　グローバリゼーションと農業政策

(1)　グローバリゼーションと農業協定

これまでの章では、食糧管理制度が解体され、食糧法に至る過程でコメ・ビジネスが進展し、米価が低迷している現状とその下での生産者の対応について述べてきた。米価をはじめとする農産物価格の低迷は、第二章で指摘したように、日本農業の「絶対的」縮小ともいえる事態をもたらしているが、それを克服するためには、生産者の自助努力だけでは困難である。また、第三章の最後に述べたように、自助努力は資本による「農家経済の包摂・支配」の契機ともなる。したがって、農業経営を安定させるためには政策的支援が必要である。

しかしながら、農業経営を支援する政策を展開しようとする場合、国内農業助成の削減を定めたWTO体制下での国際的ルールが前に立ちはだかる。本書では「グローバリゼーション」を表題に掲げ、そのことを常に念頭に置きながら輸入米について言及しつつも、主として国内の状況に絞って議論を展開してきた。しかし、本章ではWTO体制を前提にせざるを得ない農業政策を取り上げるにあたり、グローバリゼーション自体について検討する必要がある。

グローバリゼーションについては様々な議論があるが、経済活動に限定した場合、一般にボーダレス化、すなわち国境が限りなく低くなった状態で、俗に言う「ヒト」、「モノ」、「カネ」、「情報」が自由に移動することと、それを進めるために各国ごとの国内ルールを統一化することを指しているようである。経済活動に限定しても、グローバリゼーション一般について議論すれば、それだけで一冊の本を書かねばならないし、著者の力量にはあまりある課題である。(1) そこで本書では農業問題と関わる重要な契機についてだけ指摘することにしたい。

グローバリゼーションの第一の契機は商品レベルのグローバル化である。国境を越えて自由に農産物が取引され、各国内の市場価格は国際価格に連動する。米をはじめとする農産物輸入自由化をめぐる問題や近年の野菜輸入急増などはこのレベルのグローバル化に関わる問題である。このレベルの問題は、外国産農産物が国内に出まわるという最もわかりやすい形で現れるので、グローバリゼーションをめぐる議論の多くがここに集中している。

第二の契機は資本レベルのグローバル化である。商品と同様、資本も国境を越えて自由に移動し、同一企業内、あるいは関連企業間の地球的規模のネットワークが形成される。このレベルのグローバル化は商品レベルのそれと結合し、原料調達、加工、販売の各拠点が地球上の最も最適な国・地域に配置される。(2)

ジャワ島東部の海岸沿いで養殖されたエビは、加工食品会社A社のパートナーである現地企業B社によって東ジャワ州にある両社の合弁会社の工場に搬入され、パン粉をかぶせた状態にまで加工される。その加工エビは別のパートナーである日本商社C社により、大阪にある同社の冷凍倉庫に運ばれ、そこからA社ブランドの冷凍エビフライとして全国のスーパーに出荷される。一部は、A社が出資する居酒屋チェーンに納品され、店舗で揚げられ、酔客の腹を満たす。

中国で養殖された鰻は弁当製造・販売会社D社との契約に基づき、パートナーである日本商社E社によって太平洋を渡り、カリフォルニアのD社子会社の弁当製造工場に運びこまれる。弁当製造工場では同地の契約農場から搬入された有機栽培あきたこまちで米飯が製造され、その上に乗っかった蒲焼状態の鰻は再び太平洋を渡り、米や米飯より関税が低い肉や魚の「調整品」として日本に輸入される。その弁当はD社によって駅に運びこまれ、車内で出張帰りのサラリーマンの食欲を満たす。

やや冗長になったが、商品レベルのグローバル化と資本レベルのグローバル化は表裏一体であることの例を示したつもりである。同様の意味で、近年の中国からの野菜輸入急増という問題も、中国側から「日本の国内問題」として指摘されるように、日本企業の中国進出による産地開発という背景がある。(3)

商品についても、資本についても、各国ごとに輸入規制や投資規制など何らかの国境措置が定められているとともに、衛生上の問題や規格・表示等についても基準が設けられている。こうした措置は「非関税障壁」になりうると見なされ、国際的に統一された基準により「整合化」(ハーモナイゼーション)を図ることで、商品、資本の自由な移動を促進することがWTO体制下での国際的ルールとなっている。

以上のような各国ごとに定められる対外措置だけでなく、WTO体制下では国内向けの政策まで「非関税障壁」になっていると見なされ、共通のルールに沿って変更が迫られる。この政策のグローバル化が第三の契機である。それまでのガット農業交渉では、主として農産物貿易の自由化が取り上げられ、商品レベルでのグローバル化が主たる問題となっていた。もちろん、それに伴う資本のグローバル化も関わっていたが、関税引き下げや国境措置に関わる内容が合意事項であった。

WTO協定に附属する「農業に関する協定」(農業協定と略)での主な合意事項は①国内助成の削減、②市場アクセス(国境措置)の改善、③輸出補助金の削減、の三点であるが、①では各国の国内農業政策を共通のルールで見直し、「貿易歪曲的効果」等を有する政策については削減が義務づけられたという点で、政策のグローバル化を図ったものであり、それまでとは一段階を画している。(4) 付け加えて言えば、農業協定で明示された国内助成

表 4-1　農業協定における国内助成の区分

削減対象外の政策	①「緑」の政策	a. 政府の提供する一般サービス等 研究，普及，基盤整備，備蓄等 b. 生産者に対する直接支払いのうち以下のもの 生産に関連しない収入支持，災害補償，構造調整，環境施策，地域援助施策等
	②「青」の政策	直接支払いのうち，生産調整を条件とし，かつ特定の要件を満たすもの
	③ 最小限の政策	生産額の 5% 以内の助成
削減対象の政策	「黄」の政策	上記以外の国内助成（市場価格支持，不足払い等） 助成合計量（AMS）を算出し，これを 2000 年までの 6 年間で基準期間（1986〜88 年）比 20% 削減

資料：農林水産省「ガット・ウルグァイ・ラウンド農業合意に基づく国際規律」（「食料・農業・農村基本問題調査会」に提出した参考資料）．

の削減だけでなく、前章まで国内の状況として取り上げてきた米流通における規制緩和も、国内市場のルールの共通化という点で政策のグローバル化の一つであり、その下で国籍を問わない資本の自由な活動によるコメ・ビジネスを促すという意味で資本のグローバル化を進めるものでもある。(5)

商品、資本のグローバル化は第七章で再び検討することにして、ここでは政策のグローバル化との関係で農業経営を安定させるための政策について検討する。

(2) 農業経営安定対策の手法

農業経営安定対策について検討するにあたり、農業協定の国内農業助成削減の内容についてもう少し詳しくふれておきたい。表4-1に示したとおり、農業協定では国内助成を区分し、「黄」の政策とされたものに関しては一九九五年から二〇〇〇年までの六年間で、基準期間（八六〜八八年）に比べ二〇%削減することになっている。削減後の水準以内であれば、市場価格支持や不足払い等の「黄」の政策も可能であるが、各国とも新たに採用する政策に関しては、「緑」の政策か、少なくとも「青」の政策であると主張できるように努めている。(6)

各国が農業経営の安定を図る施策を実施する際も以上の政策区分を

考慮せざるをえない。経営を安定させるための手法としては、災害等の緊急時の対策と平常時の対策がある。前者は農業災害補償制度として多くの国で採用され、農業協定でも「緑」の政策として認知されている。本章でとりあげるのは後者の平常時の対策であるが、手法によっては前者の対策との整合性を図る必要がある。(7)

平常時の対策としては、農産物の価格を支持することで生産者の所得を安定させる手法（市場介入型）と市場に介入せず、直接支払い等により所得を補償する手法（市場不介入型）があるが、前者の場合、需給調整措置や国境措置と組み合わせて実施される。もっとも後者でも価格が恒常的に低下しつづけると、制度自体の存続が不可能になる場合があり、市場価格を安定させるための需給調整措置が何らかの形で図られていることが多いし、「青」の政策として認知されるためには生産調整が条件となっている。

例えば、EUの共通農業政策では、農産物の買い上げと放出による市場介入・需給操作によって価格を支持するが、域外から輸入される農産物に対する可変課徴金という国境措置と組み合わされて初めて効力を発揮する。アメリカのローン・レートによる価格支持と不足払いによる所得補償を併せた仕組みは商品計画に基づく生産調整措置と一体として実施される。(8)

同じ市場介入型でも政府機関もしくは政府出資の特殊法人が直接介入する場合と生産者団体等に独占的販売権を与え、生産者団体等による出荷調整で市場価格を安定させる場合とがある。後者の例としては、英連邦諸国（カナダ、オーストラリア、ニュージーランドなど）で実施されていたマーケティング・ボードによる出荷調整の仕組みがあげられる。(9) いずれの場合にせよ、WTO体制下では市場介入型の制度は「黄」の政策として削減対象にされざるをえず、生産調整を条件とした市場不介入型の直接支払い（「青」の政策）に切り換えられつつある。

以上のように、生産者の所得確保を通じた経営安定施策を類型化してみると、米以外の農畜産物について言えば、日本のこれまでの価格安定制度も概ねいずれかにあてはまるが[10]、米の仕組み、とりわけ食管法に基づく仕組みはやや特異であろう。

詳しくは後述するが、政府米の買入は市場介入・需給操作による価格支持ではなく、政府全量買入の下では需給状況とはほぼ無関係に直接的に生産者の生産費と所得を補償する仕組みであった。自主流通米導入後も、政府米については同じ仕組みであり、自主流通米については、集荷業者の許可制による「流通ルートの特定」という状況下で、新規参入は認められず、半ば独占的な販売権を生産者団体である全農に与えることで価格を支持していた。とはいえ、マーケティング・ボードのような出荷調整による市場介入・需給操作を全農が行っていたのではなく、「指定法人」（全農、全集連）と卸売業者団体（全糧連、全米商連）が交渉した上で、「建値」という形で価格を直接設定する仕組みであり、需給操作は政府が行政上の事業として行う生産調整によって行われていた。つまり、食管法下では公式には「市場」が存在せず、そもそも「介入型」も「不介入型」もなかったのである。「市場」を前提とするWTO体制下では存続できなかったゆえんである[11]。

第一章や第二章で指摘したように、食管法に代わる食糧法の下では「市場」が形成されている。しかしながら、WTO体制下では市場介入型の制度は「黄」の政策として削減対象にされざるをえず、もはや新たに採用することは困難である。そこで「価格下落の影響を緩和する措置」としての「稲作経営安定対策」が採用されるにいたった。

そこで以下では、稲作経営安定対策の前史である日本の食管法型需給・価格管理システムの解体過程について概観するとともに[12]、WTO体制下で同様の条件に置かれた韓国の糧穀管理制度の変遷過程を紹介し、両者を比較することによって、今後の農業経営安定対策のあり方について論及する。

2　米の需給・価格管理システムの日韓比較

(1)　日本における食管法型需給・価格管理システムの解体過程

米の全量政府買入と価格形成

戦後、食管法に基づく政府の米買入は、一九五五年にそれまでの供出制度（政府算定基準に基づく生産者自家保有分以外の全量政府買入）から、予約申込制度（政府への米売渡数量を生産者が自主的に予約、但し政府以外への売渡禁止は継続）へと変わりつつも、七〇年までは全量買入が行われてきた。したがって、この時点での米価形成のイニシァティヴはもっぱら政府に属しており、価格はある程度需給状況と切り離した上で、「二重米価制」によって、「米穀ノ再生産ヲ確保スル」（食管法第三条）生産者米価と「消費者ノ家計ヲ安定セシムル」（同法第四条）消費者米価という水準に独自に設定することが可能であった。

実際に、一九五〇年代半ばには敗戦直後の食糧不足状態から抜け出し、需給状況が緩和していたにもかかわらず、六〇年に米の政府買入価格の算定方式がそれまでの「パリティ方式」から「生産費所得補償方式」に変更されて以降、米の政府買入価格は年々引き上げられていったのである。

また、一九六一年に制定された「農業基本法」（九九年制定の「食料・農業・農村基本法」と区別するため、旧基本法と略）に示された「農業従事者が所得を増大して他産業従事者と均衡する生活を営むこと」（第一条）を可能にするための施策として価格政策が位置づけられたことも米の政府買入価格引き上げの背景となった。

しかしながら、一九六〇年代末に生じた米の「過剰」問題に伴う一連の食管制度改革により、この条件は喪失する。六九年には自主流通米制度が発足するとともに、米の生産調整が開始され（六九年「稲作転換対策」、七〇年「米生産調整対策」）、七一年には「稲作転換対策」による生産調整の本格的実施とともに、米の売渡予約に限度数量が設けられた。これにより、米の全量政府買入は崩壊し、需給動向と価格形成が結びつく余地が生み出された。

自主流通米制度と価格形成

とは言え、政府は米の生産調整＝生産削減、予約限度数量制＝流通量削減という形で直接的に全量需給管理を行うことで、政府米についてはさしあたり「二重米価制」を維持し、価格形成が民間の手に委ねられた自主流通米に対しても政府米価格は「下支え」の機能を果たしていたと言えよう。また、「流通ルートの特定」という制度の下で、指定法人、とりわけ自主流通米のほぼ全量に近い部分を扱う全農を通じて、間接的にせよ価格形成のイニシァティヴも保持していたと言えよう。これにより、米の政府買入価格は引き続き上昇し、自主流通米価格についても、いわゆる「全農建値」基準の下で上昇したのである。[13]

米流通規制緩和と価格形成

こうした状況も、一九八〇年代半ばより、政府米価格が引き下げられ、政府米と自主流通米の割合が逆転する中で徐々に崩壊していく。

一連の米輸入自由化圧力、「プラザ合意」（一九八五年九月）に基づく「前川レポート」（八六年四月）による「国際協調型経済構造調整」路線に沿って、政府米の買入価格は八四年〜八六年の一万八六六八円をピークに、八七年以降は引き下げ基調に転じ、いわゆる「順ザヤ」状態（政府管理経費を加えれば「逆ザヤ」＝「コスト逆ザヤ」）が生じた。もっとも、政府売渡価格に販売業者経費を加えた「末端価格」から政府買入価格を減じた数字はすでに七九年二月時点でプラスに転じており（「末端順ザヤ」）、「自由米」増大に拍車をかけていた。いずれにせよ、政府買入価格の引き下げ基調の下で、「米穀ノ再生産ヲ確保スル」ための「二重米価制」は徐々に崩れていく。

政府買入価格引き下げの結果、一九八八米穀年度（八七年産米）からは政府米と自主流通米の割合が逆転する。したがって、それ以降は本来ならば、米価を支えることによる生産者の所得・経営安定のための方策は、自主流通米も直接の対象にしなければならなかったはずであるが、「全農建値」基準が維持されていることから、すべての銘柄の自主流通米価格が必ずしも低下したわけではなかったので、新たな制度は設けられなかった。

しかし、この条件についても、政府米価格引き下げと同時期に進められた一連の米流通規制緩和により、実際には徐々に崩壊していた。一九八一年の食管法改定に引き続き、八五年には「米穀の流通改善措置大綱」、八八年には「米流通改善大綱」が策定され、卸売業者による大型外食事業者への直販制度（集荷業者及び販売業者の業務運営基準）、複数卸制度（米穀の流通改善措置大綱）、複々数卸制度（米流通改善大綱）、隣接都道府県販売制度（米流通改善大綱）などの一連の卸―小売間の「結びつき」「自由化」措置が実施に移され、大手小売業者、外食産業など大手実需者の自主流通米の価格形成に及ぼす影響力が強化された。

また、戦後一貫して存在し、一九七一年の予約限度数量制導入や八一年食管法改定による縁故米・贈答米規制の解除（個人間の非営利的譲渡行為の容認）により、大幅に増大したと考えられる「自由米」も価格形成に大きな影響を及ぼすようになってきていた。

「自由米」市場の存在とともに、一九八一年の食管法改定とそれに基づく「集荷業者及び販売業者の業務運営基準」（八二年）で認められた同一都道府県内部の卸間売買、米流通改善大綱で認められた都道府県間の卸間売買は、卸売業者同士での米の融通を可能にし、需給調整機能を付与することになった。

こうした条件、すなわち大手実需者の影響力増大、卸売業者による需給調整機能の獲得とともに、規制緩和による競争激化がもたらした卸売業者による水平的・垂直的統合化の進展は、価格形成のイニシァティヴをいわゆる「川下」に移すことになった。一九九〇年の自主流通米の入札取引制度の導入（自主流通米価格形成機構）はそれを顕在化させることになった。実際には、入札取引制度導入後も全銘柄加重平均の指標価格は九三年産までは上昇するが、一部の銘柄については価格が低下し、産地間格差という形で需給動向と価格形成の結びつきが顕在化した。したがって、産地間格差をふまえた価格支持のための何らかの制度が必要であったが、前述したように新たな制度は設けられなかった(14)。

ここに至って、食管法型需給・価格管理システム、すなわち政府米の「二重米価制」と、それを基礎にした（一定の）「生産費所得補償」機能および政府のイニシァティヴによる米の需給・価格管理はほぼ解体したのである。

食糧法と稲作経営安定対策

一九九五年一一月に食管法は廃止され、食糧法が施行される。食管法の最終局面において、食管法型需給・価格管理システムは実質的にほぼ解体していたとはいえ、法律の条文が残っている以上、理念としては「米の政府全量管理」、「生産費所得補償」は存在していた。それを形式上、理念上も解体したのが食糧法である。食管法では、前述したように八八米穀年度（八七年産米）から実態は逆転していたが、制度上政府米が主体、自主流通米は例外であり、全量管理が原則であった。食糧法では自主流通米が主体であり、政府の管理下に置かれない米の流通も「計画外流通」として法認された。

繰り返しになるが、食管法下では政府による米の買入が、当初は直接的に生産者の生産費と所得を補償するものとして、後には自主流通米価格の「下支え」になることで、所得・経営の安定を図る機能を有していた。食糧法下で価格形成は原則として「市場」における需給実勢に委ねられ、生産者の所得・経営の安定策もそれを前提として実施されなければならなくなった。稲作経営安定対策は、以上のような経過で「市場で価格が決められることから、価格下落の影響を緩和する措置」として必要とされるにいたったのである。

また、価格政策が「経営政策」や構造政策と矛盾としているという認識も稲作経営安定対策の背景となった。例えば、「食料・農業・農村基本問題調査会答申」では、「農産物の価格政策については、価格の安定とともに所得確保にも強い配慮が払われてきた結果、①需給事情や消費者のニーズが農業者に的確に伝わりにくく、農業者の経営感覚の醸成の妨げとなっている、②零細経営を含むすべての農業者に効果が及ぶため、農業構造の改善を制約している」と指摘し、[15]「価格政策の見直し」という現在の政策を方向づけた。

一方で、食糧法の中で正式に位置づけられた生産調整措置が「価格を支える」という性格を持ってくるとともに、稲作経営安定対策との結合が強く意識されるようになる。これまで実施されてきた生産調整対策のうち、「稲作転換対策」（一九七一～七五年）から「水田営農活性化対策」（九三～九五年）までは、生産調整と米価の安定は結びつけられておらず、所得の安定との関係では転作と稲作との収益性の格差が念頭に置かれていた。「新生産調整推進対策」（九六～九七年）以降、米価安定のための需給調整という性格が強くなる。農林水産省が二〇〇二年一月に公表した「生産調整の現状と課題」では、「需給調整の意味合いも、『制度を守るためのもの』から『価格を支えるためのもの』に変化してきており、これに伴い生産調整非実施者のいわゆる『ただ乗り論』等の不公平感が更に強く意識される状況となっている」と指摘し、生産調整参加者の不公平感を緩和するための稲作経営安定対策という位置づけが与えられる。[16] したがって、現行の稲作経営安定対策は生産調整参加者のみを対象としている。

以上のような経過を考慮すれば、日本における稲作経営安定対策は食管法型需給・価格管理システムの解体過程、とりわけ一九八〇年代以降の規制緩和の進展の帰結として必然的に生まれてきた制度であるといえよう。

(2) 韓国における糧穀管理制度の変遷とWTO体制

韓国の糧穀管理制度の段階区分

表4-2は韓国の食糧政策関係の法律の沿革を示したものである。韓国では、解放後アメリカ軍政庁による統治を経て、一九四八年八月一五日に大韓民国が成立する。その直後に、最初の食糧政策関係法である「糧穀買入法」が制定され（四八年一〇月九日）、四九年七月二二日には、「食糧臨時緊急措置法」が制定される。これらの法律は、食糧の極端な不足状態下での、言わば臨時的な法律であったが、五〇年二月一六日に「糧穀管理法」が制定され、食糧政策の一応の枠組が整えられた。以下では、この「糧穀管理法」制定に始まる韓国食糧政策の展開を五つの時期に分けて考察する。第一の時期は、「糧穀管理法」制定前後から、六三年八月七日に全文改正が行われる時期まで、第二の時期は、「糧穀管理法」全文改正後から七〇年代前半のいわゆる「食糧危機」の直前の時期まで、第三の時期は、七〇年代から潜在的に米の過剰が進行する八〇年代前半の時期まで、第四の時期は、米の過剰が顕在化するようになった八〇年代後半からWTO体制成立までの時期、そして第五の時期はWTO体制下の現在である。

食糧「援助」と糧穀政策

一九五〇年二月一六日に、それ以前に制定されていた「糧穀買入法」（四八年一〇月九日）、「食糧臨時緊急措置法」（四九年七月二二日）を統合調整して、「糧穀管理法」が制定される。これらの法律が制定された時期の韓国は、解放直後の混乱に加え、朝鮮戦争が始まり、経済全般が大混乱に陥り、流通秩序の混乱、物価の暴騰に見舞われていた。その中で、食糧も極端な不足状態にあり、食糧の確保は急務の課題であった。「糧穀買入法」や「食糧臨時緊急措置法」に基づく政府による食糧買入の措置はそのための方策であったと考えられる。また、一方で食糧「援助」による食糧供給の確保がはかられた。このような状況下で成立した「糧穀管理法」は援助食糧の管理という性格であった。

韓国への食糧「援助」は、解放直後の米軍政庁下での緊急援助に始まり、大韓民国成立後、アメリカの「農産

表 4-2　韓国糧穀政策関係法律の沿革（大韓民国成立から 1980 年代半ばまで）

年	月	事　　　項	備　　　考
1948	10	糧穀買入法制定	
1949	7	食糧臨時緊急措置法制定	
1950	2	糧穀管理法制定	糧穀買入法と食糧臨時緊急措置法は廃止
1951	6	糧穀管理法改正(第 1 次)	
1952	3	糧穀管理法改正(第 2 次)	
1954	10	糧穀管理法改正(第 3 次)	
1961	6	農産物価格維持法制定	
1963	8	糧穀管理法改正(第 4 次)	全文改正
1963	12	農産物価格維持法改正	
1963	12	糧穀管理法改正(第 5 次)	
1964	10	農地税徴収に関する臨時措置法制定	
1965	7	糧穀と肥料の交換に関する法律制定	
1966	7	農地税徴収に関する臨時措置法改正	
1967	10	農地税徴収特別措置法制定	農地税徴収に関する臨時措置法の名称を変更
1970	8	糧穀管理法改正(第 6 次)	
1970	8	糧穀管理基金法制定	
1972	12	糧穀管理法改正(第 7 次)	
1972	12	糧穀と肥料の交換に関する法律改正	
1974	12	農地税徴収特別措置法改正	
1976	12	糧穀管理法改正(第 8 次)	糧穀と肥料の交換に関する法律廃止
1980	1	糧穀管理法改正(第 9 次)	
1980	12	糧穀管理法改正(第 10 次)	
1981	3	糧穀管理基金法改正	
1984	12	農地税徴収特別措置法廃止	

資料：韓国農林部糧政局提供資料.

物貿易促進援助法」（通称、PL四八〇）に基づく「韓米剰余農産物援助協定」が一九五五年五月に結ばれ、翌五六年より供与が開始された。この「援助」は五〇年代中（五六～六一年）に総額二億二六四万八〇〇〇ドルが供与され、その内訳は、小麦が四〇・一％、原綿が一九・六％、大麦が一六・五％、白米が一三・二％等であった。鄭章淵氏は、これらの「援助」農産物が「いわゆる『三白工業』（製粉、綿紡、製糖）の原料となると同時に、その販売代金は見返資金として財政歳入（とくに軍事費）を補塡した」と述べている。(17)

このように、この時期の食糧政策の性格は、一方で朝鮮戦争前後の混乱や食糧不足状況から生じる体制の動揺を防止するための食糧確保（食糧「援助」によるものも含めて）政策であったとともに、他方でいわゆる「三白工業」育成のための「援助」食糧受け入れ政策などに見られるように韓国資本主義発展の「初発条件創出」政策の一環としての性格を持っていたと言えよう。

食糧政策の本格的展開

「糧穀管理法」は、一九六三年八月七日に全文の改正が行われ、同年一二月一六日の一部改正を経て、今日まで続く糧穀政策の基本的枠組みが整備される。この改正と前後して、「農産物価格維持法」の制定（六一年六月二七日）、一部改正（六三年一二月一六日）がなされる。これらの法律は、政府買入計画、生産・供給調整、農地担保資金貸付、価格管理、輸出振興と輸入規制、等の内容を含んでおり、これ以降食糧・農産物価格政策が本格的に展開していくことになる。「糧穀管理法」の対象は、米、大麦、小麦、ライ麦、とうもろこし、マイロ、大豆、および他の穀物であったが、政府の買入による管理の中心となったのは米と大麦であった。なお、他の農畜水産物は「農産物価格維持法」の対象となっている。(18)

この時期に「糧穀管理法」が全文改正され、食糧政策の新たな枠組が設定された事情について、韓国農林部（日本の農林水産省にあたる）糧政局（日本の食糧庁にほぼ相当する）の担当官は、「当時、食糧不足状態にあり、価格変動が大きく、その価格を安定させることが法改正の一つの目的であり、もうひとつの目的は軍関係等の政府が必要とする糧穀の確保にあった」と述べている。[19] 同担当官によれば、政府が必要とする糧穀の確保は、「それまでは、第一に肥料との現物交換によって、第二に農地税の現物納付によって」、行われていた。「肥料との現物交換」とは、政府が化学肥料を農民に販売し、その代金を、現金でなく穀物の現物で払う仕組のことである。なお、これらの方法による政府必要糧穀の確保は、「糧穀管理法」全文改正後も残存し、「農地税徴収に関する臨時措置法」(一九六四年一〇月二九日制定、六七年一〇月二八日「農地税徴収特別措置法」に名称変更、八四年一二月二四日廃止)、「糧穀と肥料の交換に関する法律」(六五年七月一日)として、法制化された。その後、「糧穀管理法」は七〇年八月四日にいくつかの改正がなされ、七〇年八月一二日には「糧穀管理基金法」が制定され、価格安定に必要な政府による糧穀買入のための「糧穀管理基金」が設置される。この基金は、中央銀行からの借入、糧穀特別基金、糧穀公債、および政府輸入穀物価格とその売渡価格との差額によって補填されている。[20]

この時期、韓国では「開発独裁体制」と呼ばれる体制が成立し、その下で資本主義の本格的発展、輸出産業の育成がはかられるが、[21] こうした状況の下で本格的な食糧政策が必要とされるようになったことが、「糧穀管理法」全文改正による新たな枠組設置の背景であろう。

「食糧危機」と糧穀政策

その後、「糧穀管理法」は一九七二年一二月一八日に、多くの条項の新設を含む、大幅な改正がなされる。新設条項を中心に、その改正の特徴について見ておこう。

まず、第七条の二(糧穀の販売)に関する規定に、「③農林水産部長官は糧穀売買業者が政府または政府代行機関から買い入れた穀価調整用糧穀を販売するにあたって必要であると認められるときにはその買入価格と販売価格との差額の最高限度を決めることができる」との項が新たに設けられた。次に、第一五条の二(穀価に対する緊急措置)に関する規定、同条の三(糧穀売買業の許可)に関する規定、同条の四(糧穀流通委員会)に関する規定が新設された。その他にも、第一五条(糧穀の買占・売惜行為の禁止)に関する規定、第一七条（糧穀売買業者及び加工業者に対する監督）に関する規定、第一八条（飲食販売業者に対する措置）に関する規定、が一部もしくは全文の改正がなされている。また、これらの規定の新設、改正に伴い、第二二条（許可の取消等）に関する規定、第二四条（罰則）規定が強化されている。これらの改正のうち、第一五条の二を引用しておこう。「農林水産部長官は糧穀需給のアンバランスまたは急激な穀価変動によって食糧事情の悪化その他経済的混乱が生じる憂慮がある場合、これを防止するために緊急な措置が必要であると認められるときには、（中略）糧穀の生産者・所有者・売買業者及び加工業者に、次の各号の事項を指定し各自保有する糧穀を売り渡すよう命ずることができる。一、売渡対象者　二、売渡量　三、売渡方法　四、売渡価格」という内容である。これらの規定の改正、新設を見る限り、この時点の「糧穀管理法」改正の特徴は、糧穀売買業者等への規制強化措置であった、と言える。

この「糧穀管理法」改正とともに、この時期の韓国食糧政策に関して触れておかなければならない点は、「統一米」の開発・普及である。「統一米」は、「ユーカラ」などの耐寒性が強い日本の品種と他の日本の品種、それと国際稲作研究所（IRRI）で開発された多収性の長粒種を交配したものであり、韓国における「緑の革命」を推進した品種である。この「統一米」は一九七〇年代に大いに普及し、七七年にはそれまでから作付されていた「一般米」（短粒種）より作付面積・生産量ともに上回っている（表4-3）。

以上の二点、すなわち「糧穀管理法」の改正による糧穀売買業者への規制強化と「統一米」の普及による米増産政策の背景は、次の点にあると考えられる。第一に、世界的な穀物需給状況が逼迫基調に転化したことにより、食糧供給が不安定性を増したことである。一九七〇〜七四年で韓国の米の自給率は九〇％前後（七二年は八二・五％）であり（図4-1）、世界的な穀物需給の逼迫は大きな問題であった。第二に、韓国の食糧輸入の方式が、「援助」から商業的輸入に転換しつつあったことである。韓国への食糧の最大輸出国であるアメリカは、六六年

表 4-3　韓国における水稲の作付面積及び生産量

(単位：千 ha，千 t)

年　度	計		一　般　米		統　一　米	
	面　積	生産量	面　積	生産量	面　積	生産量
1965	1,199	3,464	1,199	3,464		
1970	1,184	3,907	1,184	3,907		
1972	1,178	3,933	1,178	3,933		
1973	1,170	4,190	1,170	4,190		
1974	1,189	4,417	1,008	3,561	181	856
1975	1,198	4,627	924	3,248	274	1,380
1976	1,196	5,180	663	2,626	533	2,553
1977	1,208	5,965	548	2,317	660	3,648
1978	1,219	5,779	290	1,263	929	4,516
1979	1,224	5,546	480	2,097	744	3,449
1980	1,220	3,530	616	1,797	604	1,733
1981	1,212	5,040	891	3,636	321	1,403
1982	1,176	5,151	790	3,260	386	1,891
1983	1,220	5,388	801	3,365	419	2,023
1984	1,225	5,671	858	3,829	367	1,842
1985	1,233	5,618	890	3,890	343	1,729
1986	1,233	5,601	961	4,315	272	1,286
1987	1,259	5,487	1,012	4,359	247	1,128
1988	1,257	6,047	1,032	4,842	225	1,206
1989	1,254	5,892	1,072	4,961	182	931

資料：韓国農林水産部『農林水産主要統計』1990 年度版，175 ページより作成.

図 4-1　韓国における米の自給率

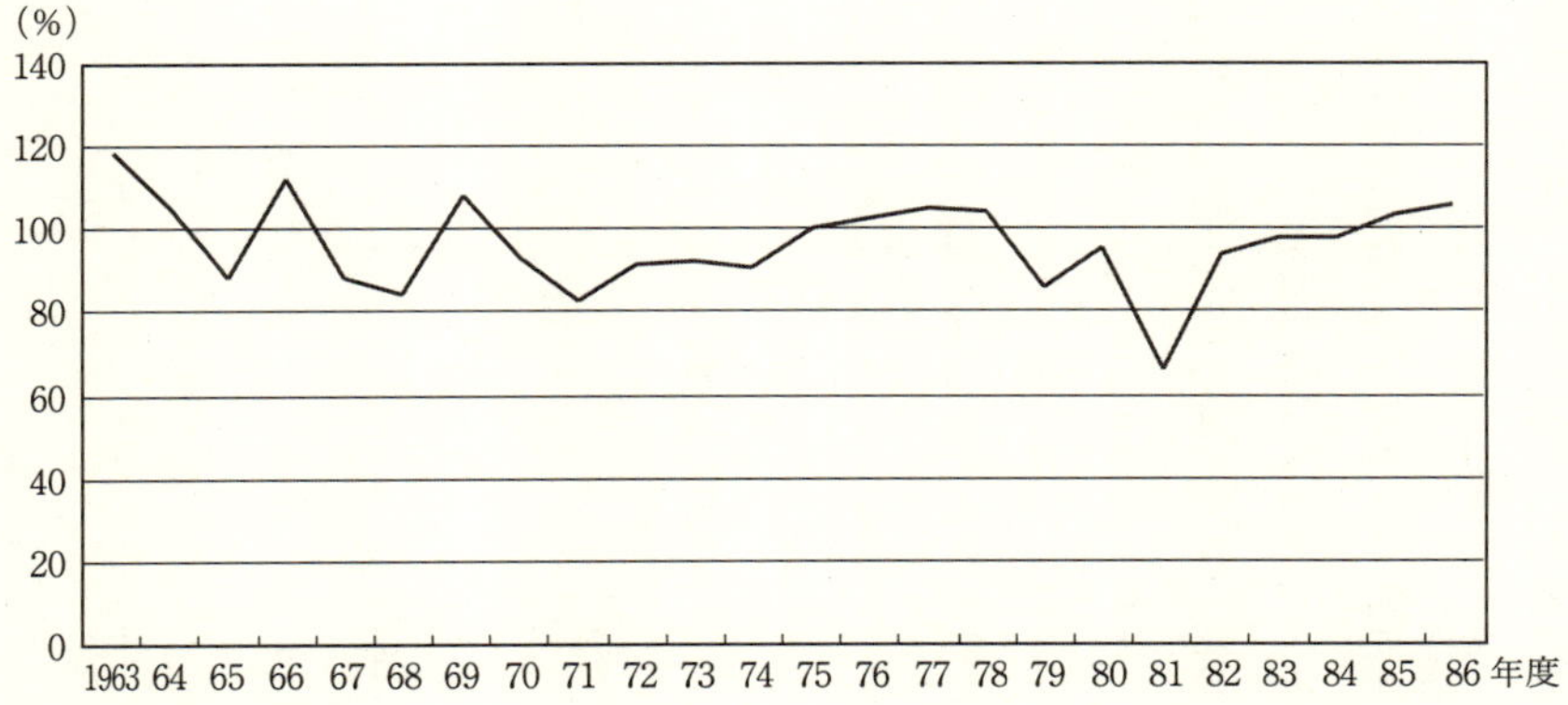

にPL四八〇を改定し（「平和のための食糧」法）、「援助」輸出から商業的輸出に転換しつつあったが、韓国もその影響を被り、政府「援助」と商業輸出の比率が七一〜七五年で逆転している。[22]第三に、この二点の食糧確保に関わる背景とともに指摘しておかなければならないのは、七二年一〇月の「非常戒厳令」布告を契機とする「維新体制」の成立である。この「維新体制」について鄭氏は『開発独裁体制』の再編強化と重化学工業化政策の実施によって資本主義発展が深化していく時期」と規定している。[23]本書でこの規定に対する評価を試みる余裕はないが、いずれにせよ「非常戒厳令」下での一連の規制強化措置の中に、糧穀売買業者等への規制強化も位置づけられるであろう。

その後、「糧穀管理法」は一九七六年一二月三一日に改正される。この改正では、第一六条（加工業の許可等に関する規定に④項が設けられ、未許可加工業者加工施設の行政代執行による強制撤去の規定や第一七条（糧穀売買業者及び加工業者に対する監督）の規定の強化など、引き続き糧穀売買・加工業者への規制が強化されているが、他にも注目すべき改正点がある。それは、第一五条の五（穀価調節）の規定の新設である。この条文では、「①農林水産部長官は糧穀の出荷奨励及び価格調節のために必要であると認めるときには農業協同組合に糧穀の買入及び販売業務を行わせることができる」となっている。また、「③農林水産部長官は第一項の規定による糧穀買入資金の全部または一部を糧穀管理基金から農業協同組合に貸し付けることができる」という規定も設けられている。つまり、価格安定のために農協が穀物を買い入れることを明示したわけである。この背景には「糧穀管理基金」に七三年頃から膨大な欠損が生じているという事情がある（表4-4）。この基金による政府の買入れの一部を農協に肩代わりさせ、その資金を「基金」から貸し付けることにより、農協に「基金」運営の一端を担わせようとする意図が見受けられる。その他に新設された規定としては、第九条の二（糧穀と肥料の交換）があげられる。これは前述した「糧穀と肥料の交換に関する法律」を廃止し、「糧穀管理法」の中に含めたものである。

米の過剰問題の顕在化と糧穀管理政策

一九七四年に「統一米」の本格的生産が開始された際、政府による米の買入価格は「統一米」・「一般米」の区別がなく、同一価格であった。その結果、政府買入は単収の大きい「統一米」中心になっていった。以下ではその後の米の生産状況・自給率と糧穀管理政策との関係を、前掲の図4-1と表4-3を見ながら考察しよう。七五年から七八年まで、韓国の米自給率は一〇〇%を上回るが、これは「統一米」の作付面積・生産量が増大したことによるものであり、政府買入が「統一米」中心であっても、市場調節機能は十分有効であったと考えられる。また、七九年以降は「統一米」の作付面積・生産量が縮小するが、それに伴って米自給率も一〇〇%を下回り、米の過剰状態は生じず、政府買入による価格支持の必要性もなかった。むしろ、八〇年の大凶作に伴い翌年の米自給率が六六・二%（六二年八月七日「糧穀管理法」全文改正後で最低の水準）にまで落ち込んだことに見られるような米の不足状態に対応して政府管理米を確保するための買入ということが課題であった。このように八〇年代前半までは、一時的に

表 4-4　韓国「糧穀管理基金」の欠損状況

（単位：億ウォン）

年度	欠損額	うち米	一般会計による補填額
1970	28	△ 4	
1972	22	△ 49	
1973	254	△ 9	
1974	1,250	327	
1975	936	163	
1976	503	197	
1977	631	219	
1978	1,591	1,540	
1979	2,087	1,851	
1980	2,417	1,400	
1981	1,441	218	
1982	1,305	179	
1983	3,370	2,599	
1984	4,059	3,576	3,304
1985	3,450	2,994	4,500
1986	3,730	3,596	3,500
1987	3,330	3,160	2,750
1988	2,533	2,397	5,384
1989	4,356	4,145	9,512
合計	37,293	28,448	28,950

注：△は増収．
資料：韓国農林水産部『農林水産主要統計』1990 年度版，210 ページより作成．

米自給率が一〇〇%を上回ることはあっても、恒常的に米の供給過剰が生じる状態ではなく、むしろ不足状態に際しての米価安定という点に、糧穀管理政策の重点があったといえるだろう。八〇年に「糧穀管理法」は、二度(一月四日、一二月三一日)改正されているが、その内容は糧穀販売・加工業者に関する規定が中心で、七〇年代の流れと変わっていない。

しかし、一九八三年以降、今度は政府による管理機能がほとんど働かない「一般米」の改良・単収増・作付拡大・生産量増大による自給率の上昇、供給過剰問題が現れてくることによって、本格的な供給過剰対策が必要とされるにいたった。その過剰対策の一つがいわゆる「農協米」制度の導入である。この制度は七六年一二月三一日の「糧穀管理法」改正で設けられていたが、実際に実施に移されたのは八四年からである。この制度が実施に移された理由について、農林部糧政局の担当官は、「政府による糧穀管理は『統一米』中心であったため、市場調節機能が弱いので、農協に『一般米』の買入・販売を行わせることによって、補完している」と述べている。[24]このように、七六年にこの制度の規定が設けられた際は、先に述べたように、主として「糧穀管理基金」の欠損問題との関係であったが、「一般米」増加による過剰問題が顕在化したこの時点に至って、過剰対策という側面が強くなってきたと言えよう。その後、過剰問題は一層進行し、八九年には、「統一米」・「一般米」の価格の区別を設けて、政府による「一般米」の直接買入が開始されることになる。

以上のことと関連して、一九八八年八月五日に「糧穀管理法」の一部改正が行われる。この改正はこれまでの改正と若干趣を異にしている。改正点は三点のみで、うち二点は「糧穀の需給計画」と「糧穀の買入価格と買入量」の決定に「国会の同意」を義務づけたことである。残りの一点は「価格安定基金」運用の目的に「生産農民の利益が侵害されない」という点が加わったことである。このようにこの時点での改正は極めて政治色の濃い内容となっている。

その背景には、米の供給過剰下で一般市場流通における販売価格が低迷している状況や日本と同じく米も含めた農産物の輸入開放圧力が強まっているということを反映して、農民運動が活発化しているということがある。一九八〇年代に農民運動をリードした農民団体は「韓国カトリック農民会」(六六年に「韓国カトリック農村青年会」として創設、七二年に改編して結成)と「韓国キリスト教農民会総連合」(七八年に「全南キリスト教農民会」として創設、八二年に改編して結成)とであるが、これらの団体が中心となって、八九年三月に「全国農民運動連合(全農連)」が結成される。こうした農民団体による運動を背景にして糧穀管理制度の民主化が進んだのである。[25]

その後、一九九二年からは「統一米」の政府買入が中止になり、九三年の糧政改革では「総合米穀処理場」(日本のカントリーエレベーター等の大型乾燥・調製・貯蔵施設にあたる)の支援を通じて民間、とりわけ農協の米流通を支援する政策がとられるが、[26]少なくとも八〇年代末までは商人資本が大半を掌握する自由流通の中に、いかにして国家管理ないしは農協を通じた管理を導入していくか、ということが追求されてきたと言える。

ただし、「管理」の意味あいは時期によって異なり、「開発独裁体制」下で不足基調の食糧を確保するために、農民に「統一米」を強制的に作付けさせ、流通業者を統制する強権的管理から、社会全体の民主化の中で、米の供給が過剰になりつつも、農民の所得を向上させるために米価を引き上げるための価格・需給・流通管理に変化してきたのである。

農業協定と糧穀管理制度　日本ではWTO体制をむかえるにあたり、少なくとも政府買入米価は引き下げ基調になっており、自主流通米価格も銘柄によっては低下していたが、韓国では米の供給過剰が明確になった状態でも、政治状況を含めた様々な理由から、政府買入米価を引き上げる傾向が続いたままであった。WTO体制成立後、発表された「米産業総合対策」(一九九六年)では、それまでの傾向を引き継ぎ政府買入米価の引き上げが行われている。

しかし、WTOにおける次期交渉が開始された段階で、二〇〇一年の「米産業発展総合対策」、〇二年の「米産業総合対策」では、市場機能を通じた需給調整や民間中心の流通体制など農業協定の内容に沿った改革方向が打ち出された(27)。

また、「規模化促進直接支払」、「親環境農業直接支払」、「水田農業直接支払」といった制度が導入されるとともに、「所得安定化直接支払制度」の導入も検討されており、農業協定で「緑」、「青」の政策として区分されることを前提にした農業経営の安定対策が図られている(28)。

(3) 制度の変遷の相違の帰結

日本の食管制度は戦時中の強固な管理、戦後の一定の民主化から始まって、徐々に規制が緩和されてきた。とりわけ一九八〇年代以降の規制緩和はWTO体制成立、食管法廃止・食糧法施行後の現段階まで一連の過程として捉えることができる。韓国の糧穀管理制度は援助食糧の管理から始まり、食糧確保のための強権的管理から「農民保護」的な管理にいたった段階でWTO体制を迎えた。この経過の違いが、今日の政策の違いを生み出している。

韓国は農業協定に配慮しつつ、直接支払制度を活用し、一定の「農民保護」的政策を実施している。「規模化促進直接支払」は高齢者が農地を売却、賃貸することによる離農に際しての補助金であり、「緑」の政策に区分される「構造調整」にあたる。同様に、「親環境農業直接支払」は「環境施策」と見なすことができ、「緑」の政策として主張しやすい。

しかし、「水田農業直接支払」については、化学肥料や農薬の使用量を慣行水準以下に保ち、水田の形状と機能を維持するという受給条件を設けてはいるが、全水田を対象とし、水田農業者の所得支持と食糧生産の維持を政策目標とするため、「緑」の政策の条件である「生産に関連しない収入支持」とは言えない。また、定めている受給条件が「青」の政策の条件である「特定の要件」として認められるかどうか疑わしいため、場合によってはWTOルールに抵触する可能性がある。さらに、導入が検討されている「所得安定化直接支払制度」にいたっては全農業者を対象とし、農家所得の安定と零細農の所得支持を政策目標としており、限りなく「黄」の政策に近い。いずれにしろ、様々な手法を使った「農民保護」的な政策が実施または立案されている。

日本でも農業協定に合致した政策として直接支払制度は実施されているが、中山間地域だけを対象としたものである。大宗を占める稲作に対しては稲作経営安定対策が実施されているが、直接支払ではなく、生産者の拠出と国の助成により造成した資金から価格下落の際の一定分を補てんする制度である。今後の仕組みについては、「育成すべき農業経営」に対象を集中化・重点化した「経営を単位とした経営所得安定対策」が検討され、稲作経営安定対策については「機能が重複する面も大きいことから、その関係を整理する方向」である。その「経営所得安定対策」は、アメリカで採用されている「収入保険」のような「『保険方式』を基本に」検討されている。(29)

そこで以下では、稲作経営安定対策の仕組みと生産者の生産費・収益性の分析を通じ、現行の稲作経営安定対策がどの程度の有効性を持っているのかを検証するとともに、今後の方向性について論じる。

3　稲作経営安定対策の有効性

(1)　稲作経営安定対策の仕組みと制度上の問題点

以上のような背景で導入された稲作経営安定対策であるが、その仕組みも世界の動向から見ればやや特異な仕組みである。基本的な仕組みは、生産者の拠出と国の助成により造成した資金から、価格が下落した場合にのみ、その一定割合を補てんするというものであり、一見すると直接支払い制度のようであるが、もっぱら国の資金によるだけでなく、生産者も拠出するという点が特徴的である。

また、補てん額は補てん基準価格から当年産価格を引いた額の八〇％と定められており、直接支払いにより所得を補償するものではなく、あくまでも「価格下落の影響を緩和する措置」である。補てん基準価格が定められることから、パリティ制度やアメリカの目標価格を基準にした不足払い制度に類似しているようにも見えるが、補てん基準価格は過去三年間の平均価格と定められており、毎年変動するところが他の制度と異なる。

したがって、この仕組みでは米価が下落し続けた場合、補てん基準価格自体も下落していくことになり、制度加入によるメリットが薄れていく。そのため、実際には二〇〇〇年産の補てん基準価格の算出にあたっては、前年産（一九九九年産）の価格をそのまま用いず、補てん金を加味した水準を用いて算出し、〇一年産の補てん基準価格は前年産（〇〇年産）と同水準に設定した[30]。

さらに、補てん基準価格は産地・品種ごとに定められ、非常に複雑な制度になっているとともに、それによって補てん額も産地・品種ごとに異なってくることから、場合によっては産地間の不公平感を生み出しかねない制度である。つまり、元々の米価の格差を前提にした補てん基準価格では産地間格差が固定されたままになってしまうということに不公平感を抱き、全国一律の補てん基準価格（相対的に高めに設定された）を求める生産者もあれば、補てん基準価格と当年産の価格、すなわち下落額が補てん額の基準となることから、人気のない産地・品種の生産者の所得もある程度補償されるという点に不公平感を抱き、固定額の直接支払いを求める生産者もあろう。

結論的に言えば、この仕組みは所得補償という点から見ても、逆に「価格が需要の動向や品質に対する市場の評価を適切に反映し、生産現場に迅速かつ的確に伝達するシグナルとしての機能を十分に発揮できるようにす

図4-2　米の60kg当たりの生産費・米価・粗収益

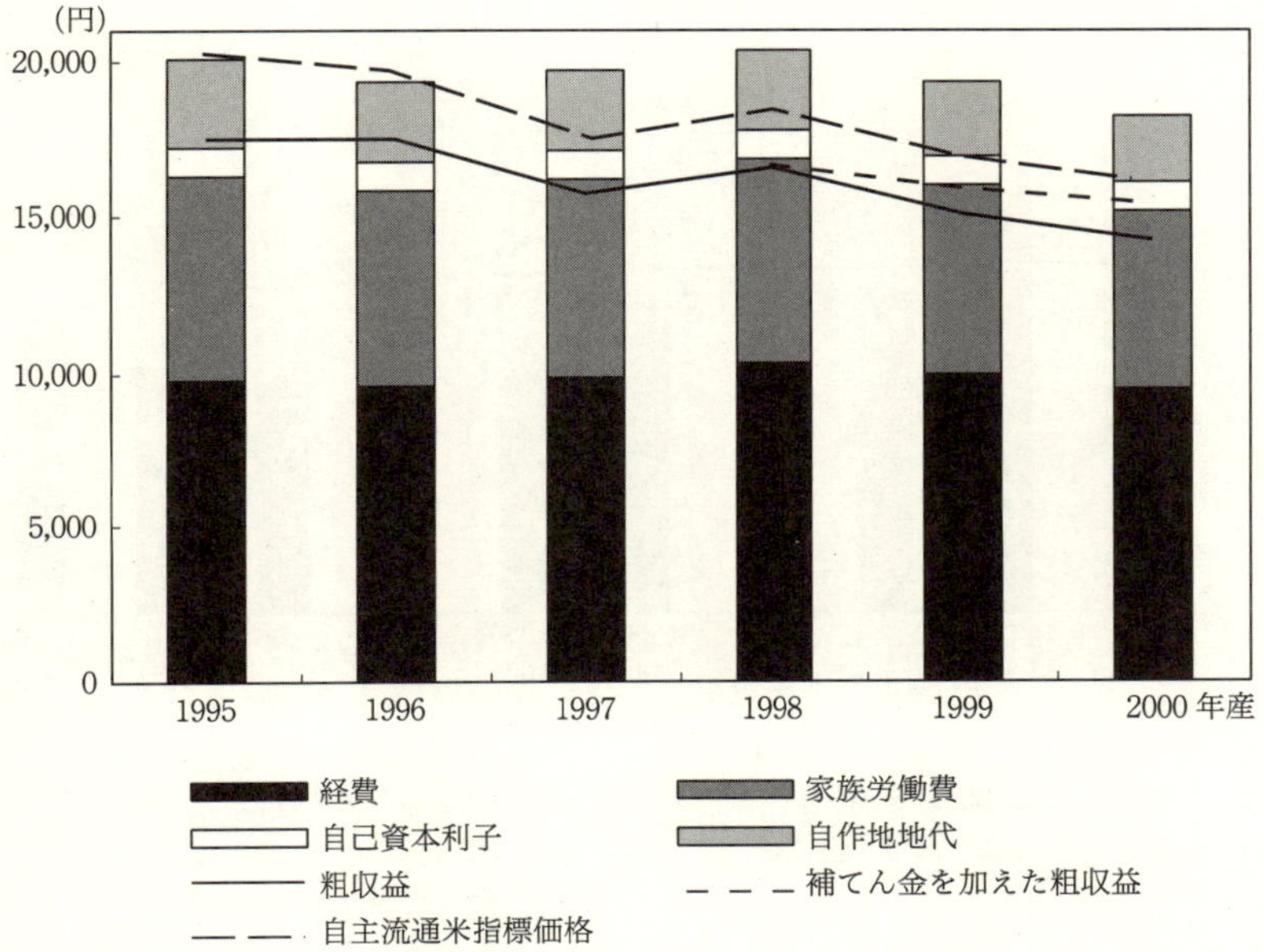

資料：農林水産省統計情報部『米及び麦類の生産費』各年版.
注：1)　経費については，物財費に雇用労働費，支払利子，支払地代を加えたもの.
　　2)　補てん金については，稲作経営安定対策による受取金から拠出金を引いたもの.

る」という点から見ても不十分なのである[31]。また、算定方式が定められているにもかかわらず、その年の事情によって、そのまま適用されないことが続くという事態は、かつての政府米の買入価格における「政治加算」のようなものであり、制度そのものに無理があるといわざるをえない。したがって、見直しが必要であり、政府もそれを進めているが、問題はどのような方向で見直されるかである。そのための検討材料として、次に生産者の収益性について分析する。

(2) 生産者の収益性と稲作経営安定対策

図4-2に示されているように、生産者の粗収益も米価下落に平行して下落している。特に、一九九七年産から

図 4-3　作付面積規模別生産費と粗収益（60kg 当たり，2000 年産）

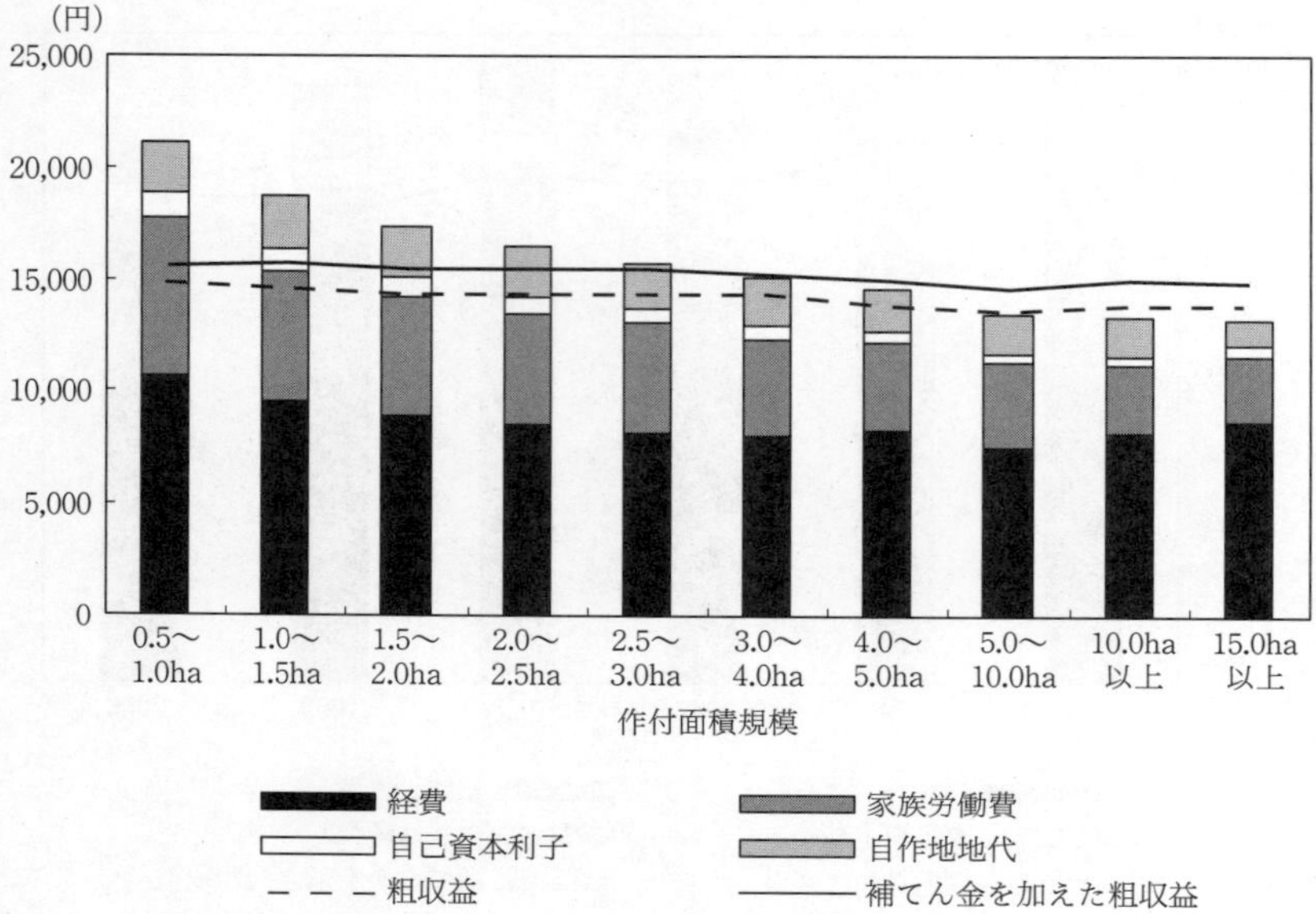

資料：農林水産省統計情報部『平成 12 年産米及び麦類の生産費』，2002 年.
注：1)　経費については，物財費に雇用労働費，支払利子，支払地代を加えたもの.
　　2)　補てん金については，稲作経営安定対策による受取金から拠出金を引いたもの.

は全国平均で家族労働費も賄えない深刻な水準になったが、九八年産からの稲作経営安定対策による補塡金でなんとか家族労働費を賄っている。その限りで、稲作経営安定対策は有効に作用しているように見えるが、所得として位置づけられている自己資本利子や自作地地代分を賄えないことから、制度上の問題としても指摘したように、所得補償という点では不十分である。

二〇〇〇年産で作付面積規模別に見ると（図4-3）、五ヘクタール以上の階層では粗収益で全算入生産費が賄えており、ある意味で稲作経営安定対策の効果は薄い。三～五ヘクタールの階層では粗収益では全算入生産費を賄えないが、稲作経営安定対策による補てん金がそれを補っており、稲作経営安定対策が最も有効に作用している階層となっている。また、

表 4-5　稲作所得に占める経営安定対策の位置

作付面積規模	1998 年産			1999 年産			2000 年産			1998年産に対する1999年産の総所得額の増加率（%）	1999年産に対する2000年産の総所得額の増加率（%）
	10a 当たり補てん金額（A）（円）	10a 当たり総所得額（B）（円）	(B)に占める(A)の割合（%）	10a 当たり補てん金額（A）（円）	10a 当たり総所得額（B）（円）	(B)に占める(A)の割合（%）	10a 当たり補てん金額（A）（円）	10a 当たり総所得額（B）（円）	(B)に占める(A)の割合（%）		
0.5～1.0ha	−203	43,964	−0.5	6,970	42,586	16.4	7,117	43,354	16.4	−3.1	1.8
1.0～1.5ha	−284	56,277	−0.5	7,647	55,156	13.9	10,698	55,116	19.4	−2.0	−0.1
1.5～2.0ha	−138	61,319	−0.2	8,155	59,554	13.7	12,816	59,482	21.5	−2.9	−0.1
2.0～2.5ha	−183	64,560	−0.3	12,143	68,247	17.8	11,439	62,632	18.3	5.7	−8.2
2.5～3.0ha	266	70,266	0.4	8,742	64,734	13.5	11,953	67,999	17.6	−7.9	5.0
3.0～4.0ha	−25	70,568	0.0	10,774	69,960	15.4	11,340	66,815	17.0	−0.9	−4.5
4.0～5.0ha	108	66,782	0.2	9,138	66,540	13.7	11,761	62,165	18.9	−0.4	−6.6
5.0～7.0ha	310	62,470	0.5	6,694	63,965	10.5	11,008	68,541	16.1	2.4	7.2
7.0～10.0ha	1,923	59,128	3.3	3,634	58,878	6.2	9,253	60,728	15.2	−0.4	3.1
10.0～15.0ha	2,268	62,904	3.6	5,509	60,002	9.2	9,052	61,147	14.8	−4.6	1.9
15.0ha 以上	879	51,317	1.7	6,731	51,698	13.0	9,079	51,906	17.5	0.7	0.4
平　均	53	53,322	0.1	9,046	53,778	16.8	11,437	54,352	21.0	0.9	1.1

資料：農林水産省統計情報部『米及び麦類の生産費』各年版.
注：1)　総所得額については，所得額に補てん金額を加えたもの.
　　2)　補てん金については，稲作経営安定対策による受取金から拠出金を引いたもの.

一〜一・五ヘクタールの階層では、稲作経営安定対策による補てん金があるおかげで家族労働費を賄っており、概ねすべての階層に何らかの効果をもたらしているように見える。図には示していないが、一九九九年産でも同じような結果になっており、「価格下落の影響を緩和する措置」としてはある程度の機能を果たしている。

では次に稲作所得に占める稲作経営安定対策による補てん金の位置づけについて確認しておこう（表4-5）。一九九八年産では総所得額に占める割合は全体平均で〇・一％しかなく、ほとんど効果が見受けられない。七・〇ヘクタール以上の大規模層にのみ効果らしい効果があり、二・五ヘクタール以下の階層ではむしろ拠出額の方が多い。

しかし、米価の下落とともに効果を発揮しだす。一九九八年産から、九九年産、二〇〇〇年産と毎年、ほとんどの階層で総所得額に占める補てん金の割合が上昇するとともに、総所得額自体も全体平均で増加している。九九年産では補てん金額および総所得額に占める補てん金の割合が二・〇～二・五ヘクタール層で、〇〇年産では一・五～二・〇ヘクタール層で最も高くなっており、稲作経営安定対策が有効に機能している階層が下方にシフトしている。ただ、九九年産と〇〇年産を比較して、総所得額を増やした階層は七・〇ヘクタール以上の大規模層が中心である。

以上を簡単にまとめると、稲作経営安定対策は生産費との関係では三～五ヘクタールの階層に最も有効に作用しており、補てん金額では二ヘクタール前後の階層が恩恵を受けているが、必ずしも総所得額の増加にはつながっていない。しかし、大規模層に対しては、総所得額を引き上げる効果を及ぼしており、稲作所得への依存度が大きい経営に対しては一定の有効性をもっている。とはいえ、それは、前に指摘したように、特別な措置が講じられたからであり、制度をそのまま適用していればそのようにはならなかったであろう。

以下ではこれまでの検討をふまえ、今後の経営安定対策の課題を指摘するとともに、二〇〇二年一一月末から一二月初めにかけて公表されたばかりの「米政策改革大綱」、「水田農業政策・米政策再構築の基本方向」(「新しい米政策」と略)について論じる。それに付け加えて、前節で検討した韓国の政策手法を念頭に置きながら、現行の稲作経営安定対策とは異なる農業経営支援策の可能性について提起することにしたい。

4　農業経営支援策の今後

(1)　稲作経営安定対策の課題と「新しい米政策」

需給調整と米価の安定

稲作経営の安定を図るためには何よりも米価の安定が不可欠である。また、米価が現状のままでは、経営安定対策を維持し、有効に機能させることはできないことはこれまでに指摘した。

米価が市場での需給実勢に委ねられている現状の下では、円滑な需給調整の仕組みが不可欠であるが、現時点で需給調整のイニシァティヴは「川下」側に移行している。その背景には、全般的な供給過剰もさることながら、特定の銘柄を除き、多くの銘柄の価格差がなくなり、過当競争に陥っているということもある。したがって、経営安定対策が実効あるものとなるためには需給調整と組み合わせたものとするとともに、過当な産地間競争を回避するような仕組みを考慮しなければならない。

「新しい米政策」では、「産地づくり推進交付金」においても、「担い手経営安定対策」においても対象者は生産調整参加者となっており、需給調整と組み合わせた措置となっているが、生産者にどれだけ魅力のある措置になるかが問題である。稲作経営安定対策の場合、基金への拠出割合は国が三、生産者が一であったが、「新しい米政策」では各基金への拠出割合は一対一であり、助成金は大幅に減額される。

「担い手安定対策」では、品種ごとの区分をやめ、都道府県ごとの単位面積当たりの稲作収入が基準になっており、若干制度が単純化されるとともに、結果的に収量の増減も反映される。「産地づくり推進交付金」は、固定部分（全国一律六〇キログラム当たり二〇〇円）と変動部分に分けられ、変動部分の基準価格は品種ごとではなく、都道府県ごとに設定される。以上の措置が産地間の不公平感や過当な産地間競争を緩和することにつながるのかどうかが課題であろう。

むしろ、米流通業界では「米販売を主に中央団体に依存し、米減産を続ける産地」と「自力で販売する自信をつけ、米を増産する産地」とにわかれていくと予想しており[32]、前述した計画外流通の増加がそれを裏づけている。したがって、今後は「不公平感」や「産地間競争」といったレベルではなく、「選別」が進む可能性もある。「新しい米政策」における「新たな流通システムの考え方」もその点に適合的である。具体的には計画流通と計画外流通の区分を廃止し、「価格形成センターでの取引」（定期、スポット）と「契約栽培、産地指定等の安定供給取引」の二本立てのシステムが二種類の産地に対応することになる[33]。

以上のような点で、価格の安定が図られるような需給調整が可能かどうか疑問をもたざるを得ない。

タイプに応じた対策の必要性

農家間格差、とりわけ稲作単一経営においては副業的農家が大宗を占めるという実態、また高齢専業農家が増えているという実態を考慮に入れた対策でなければならない。決して農家を区別して扱う事を主張しているわけではないが、各層の農家の収益構造をふまえ、規模拡大の努力をしても販売金額で結果が出ない上層農家に特に配慮する必要があるとともに、現段階で稲作経営安定対策の効果が最も及んでいる階層（二ヘクタール前後の階層）に対する配慮も必要であろう。

「新しい米政策」における「担い手経営安定対策」では、対象者を北海道で一〇ヘクタール以上の水田経営規模、都府県で四ヘクタール以上の水田経営規模としており、上層農家に対する配慮が見受けられるが、一方でそれに満たない階層への配慮が不十分であり、今後の経営への影響が懸念される。

また、法人経営も含めた集落営農型の農業事業体が増加しているという点を考慮しなければならない。地域農業を支える農業事業体の経営の安定も図る必要があり、その際には生産調整の仕組みとそれに伴う助成金制度のあり方も関わってこよう。

「新しい米政策」では、「産地づくり推進交付金」に「産地づくり対策」が設けられており、国からの交付金で都道府県段階に基金を造成し、地域水田農業推進協議会に交付することになっている。協議会が生産者に交付する助成水準は協議会が定めることになっており、地域の特色ある水田農業の展開という点に重点が置かれている。この枠組みが有効に機能することが課題であるが、国から交付される金額の水準や助成要件の設定などが大きく影響してくるだろう。

以上、経営安定対策の課題と「新しい米政策」についてコメントしたが、「新しい米政策」は公表されたばかりで十分には検討しきれていない。というよりも、この政策は二〇〇四年産からの措置で、実際に政策として進められてみないと判らないことも多く、また、「米づくりの本来あるべき姿」については一〇年度を目標とし、需給調整システムも〇八年度に「農業者・農業者団体が主役となるシステム」を構築するとしていることから、経過的措置としての位置づけをもっている。したがって、「新しい米政策」については、今後の政策実行過程で検証していくことが課題である。

(2) 直接支払の可能性

現在、稲作経営安定対策は「保険方式」を基本にした経営所得安定対策への移行が検討されている一方、「新しい米政策」では経過的措置として「担い手経営安定対策」が採用されようとしており、「産地づくり推進交付金」が地方自治体を媒介とした政策誘導的支払として実施されようとしている。

以上のような既存の政策の延長線上ではなく、全く異なる考え方で、韓国のように直接支払制度を積極的に活用した農業経営を安定させるための政策が実現できないであろうか。韓国の現行制度の根拠となっているのは一九九七年に制定された「農業・農村基本法」である。この法律では「農業の競争力による農工間の所得格差の是正と環境親和的な農業の育成」により、「食糧の安定供給」や「国土環境の保全等公益的機能の遂行」、「固有の伝統と文化を保全する農村地域の発展及び福祉の増進」を図ることとされている。[34]「農工間の所得格差の是正」は日本では旧基本法の目的の一つであったが、それを除けば、日本の「食料・農業・農村基本法」でも同様の目的を掲げている。ならば、その目的に則して直接支払制度を活用した農業経営安定対策が実施できないであろうか。

韓国では種々の直接支払制度導入に先立ち、その基本方針として一九九七年に「農産物生産者のための直接支払制度施行規程」が制定されている。韓国農村経済研究院の金正鎬氏によれば、この「規程」は、農業協定受け入れにあたり「農業者団体から強く要求された半面、経済学者や財政当局からは反発が多く、結局は大統領の政治的な決断」によって制定されたものである。(35)

どうやら日韓の最大の相違点は、政策の決定、実施過程における「農業」や「農民」の位置づけのようである。そのことが、同じ目的を掲げながらも、政策手法の違いとなって現れており、今後日本で一般的な直接支払政策の可能性を展望した場合の問題となる。そこで、次章では、本書の中心的課題である「コメ・ビジネス」から一旦離れ、今後の農業や農政あるいは米も含めた農産物流通等の基調となる「食料の安定供給」、「環境保全」といった政策目的における「農業」や「農民」の位置づけを念頭に置きながら、食料・農業・農村基本法の内実について検討する。

注

(1) 経済活動におけるグローバリゼーションの問題点について全般的に検討した最近の文献としては、ジョゼフ・E・スティグリッツ著・鈴木主税訳『世界を不幸にしたグローバリズムの正体』徳間書店、二〇〇二年、が興味深い。

(2) 著者は、資本レベルのグローバル化と商品レベルのそれとの結合について、グローバル・ソーシング、グローバル・プロセッシング、グローバル・マーケティングという表現を用い、多国籍アグリビジネスの事業戦略として捉えている。冬木勝仁「アメリカの世界農業・食糧戦略―NAFTAの意味―」中野一新編『アグリビジネス論』有斐閣、一九九八年、一六ページ。

(3) 中国からの野菜の開発輸入も含めた企業の調達戦略については、木立真直「食品小売・外食業におけるグローバル調達戦略―輸入野菜の取扱実態と今後の意向について―」『農業市場研究』第一一巻第二号、二〇〇二年一二月、二八~三五ページ、を参照。

(4) 農業協定の内容については、「ウルグアイ・ラウンド農業合意の概要」藤谷築次編集担当『日本農業年報 四一 総括ガット・UR農業交渉』農林統計協会、一九九五年、二二三~二二五ページ。なお、本書の執筆にあたっては、農林水産省が「食料・農業・農村基本問題調査会」に提出した参考資料「ガット・ウルグァイ・ラウンド農業合意に基づく国際規律」を参照した。

(5) もっともアメリカは一九七三年から開始されたガット東京ラウンドの時点から各国の国内農業政策、とりわけEC(現EU)の共通農業政策を問題にしていた。冬木勝仁「食糧・農業問題の日本的特殊性」河相一成編『解体する食糧自給政策』日本経済評論社、一九九六年、一一〇～一一三ページ。

(6) もっともアメリカは、「一九九六年農業改善・改革法」で不足払い制度を廃止し、農業協定との整合化を図ったが、「二〇〇二年農場保障・農村投資法」では事実上の不足払い制度を復活させた。この制度に関して、磯田宏氏は「生産調整とパッケージになっていないから、国内農業支持政策として見れば「青色」ですらない」と指摘している。磯田宏「アメリカの直接支払いと新農業法─穀物分野を中心に─」『農業と経済』第六八巻第九号、二〇〇二年八月、七八～八〇ページ。

(7) 農林水産省「経営を単位とした経営所得安定対策について」、二〇〇一年八月、六ページ、では、農業災害補償制度との関係について、「両制度の目的と果たすべき役割が異なるため、基本的には競合関係にない」としながらも、「両制度の発動により、重複補てんとなる場合も考えられること」を指摘している。

(8) EUの共通農業政策については、ローズマリー・フェネル著・荏開津典生監訳『EU共通農業政策の歴史と展望』農山漁村文化協会、一九九九年三月、が詳しい。アメリカの「一九九六年農業改善・改革法」以前の価格・所得補償の仕組みについては、冬木、前掲「アメリカの世界農業・食糧戦略─NAFTAの意味─」、一七～一八ページ。

(9) カナダのマーケティング・ボードについては、松原豊彦『カナダ農業とアグリビジネス』法律文化社、一九九六年三月、が詳しい。

(10) 農林水産省「農産物価格安定制度の概要」、一九九六年一一月。

(11) 国会でWTO協定等の批准と食糧法の可決が併せて行われたことは象徴的である。

(12) ここで言う「食管法型需給・価格管理システム」とは一九五二年五月の食管法改正後のシステムのことを指している。なお、戦後の食糧管理制度の変遷については、横山英信「食糧管理制度の戦後的変遷」河相一成編『解体する食糧自給政策』日本経済評論社、一九九六年一〇月、二一九～二四一ページ、を参考にした。

(13) もっとも、実際の生産費補塡率については、第二次生産費が一九七九年、第一次生産費でも一九九三年以降は一〇〇%を割っている。横山、前掲、二二一ページ。

(14) 食管法最終局面における規制緩和の進展と卸売業者の再編、水平的・垂直的統合化、需給調整機能の獲得については、冬木勝仁「米市場再編と卸売業者」河相一成編著『米市場再編と食管制度』農林統計協会、一九九四年六月、五七～一〇

○ページ、を参照されたい。
(15)『「くらしといのち」の基本政策―食料・農業・農村基本問題調査会答申―』農林統計協会、一九九八年（答申の公表自体は九月）、三五ページ。
(16) 農林水産省「生産調整の現状と課題」、二〇〇二年一月、一三ページ。
(17) 鄭章淵・文京洙『現代韓国への視点』大月書店、一九九〇年、三四～三五ページ。
(18) Huh, Shin-Haeng, "Marketing and Price Policies and Programs for Major Foods in Korea", *Journal of Rural Development*, Vol. III, No. 2, pp. 154-155.
(19) 一九九〇年五月に行ったインタビューによる。なお、当時は農林水産部。
(20) Huh, *op. cit.*, p. 156.
(21) 鄭章淵・文京洙、前掲『現代韓国への視点』、四一ページ。
(22) PL四八〇に基づくアメリカから韓国への食糧援助と商業輸出の推移については、関下稔『日米貿易摩擦と食糧問題』同文舘、一九八七年、二一八ページ。
(23) 鄭章淵・文京洙、前掲『現代韓国への視点』、一三ページ。
(24) 一九九〇年五月に行ったインタビューによる。なお、当時は農林水産部。
(25) 鄭章淵・文京洙、前掲『現代韓国への視点』、一七七ページ、一八六ページ。
(26) 徐漢革「日本の経験からみた、韓国総合米穀処理場施設計画―新たな米の生産・流通の中核施設をめざして―」『農業経済研究報告』第二六号、一九九三年四月、九五～九八ページ。
(27) 鄭英一「韓国の米政策の現状と課題」『農村と都市を結ぶ』第五二巻第一二号、二〇〇二年一二月、五二～五三ページ。
(28) 金正鎬「韓国の多面的機能評価と政策展開」『農業と経済』第六六巻第六号、二〇〇〇年五月、五七～五九ページ。
(29) 農林水産省「経営を単位とした経営所得安定対策について」、二〇〇一年八月。
(30) 農林水産省「品目別価格・経営安定対策の概要」、二〇〇一年三月、五～六ページ。
(31)『「くらしといのち」の基本政策―食料・農業・農村基本問題調査会答申―』農林統計協会、一九九八年（答申の公表自体は九月）、三五ページ。
(32)『米マップ'03』米穀データバンク、二〇〇二年一二月、四～五ページ。
(33) 生産調整に関する研究会事務局「生産調整に関する研究会『中間取りまとめ』における検討項目に対する考え方」、二〇〇二年一〇月。

（34）工藤昭彦「農業環境問題修復政策の展開」『農業環境の修復システムに関する比較研究―日本と韓国のフィールドに即して―』（一九九八～二〇〇〇年度科学研究費補助金研究成果報告書）、二〇〇一年三月、二二ページ。

（35）金、前掲「韓国の多面的機能評価と政策展開」、五七ページ。

第五章　農業政策の新たな展開

1　農業政策の転換点と農業・農村・農業者

前章の最初で指摘した「グローバリゼーション」はあくまで経済活動に限定したものであり、「政策のグローバル化」もそれを推進する範囲に限られている。より一般的に考えた場合、グローバリゼーションとは、課題の人類共通化とその達成に向けた取組みの共同化ないしは協同化である。グローバルな経済活動はそのための手段に過ぎず、より普遍的な人類共通の課題に資する限りで受容されるものである。それゆえ、グローバルな経済活動とそれを推進する「政策のグローバル化」も人類共通の課題を掲げざるをえない。

本書の主題からすれば、やや抽象的に大げさな話をしたが、「グローバリゼーション」の文脈で語られるのが、「○○企業のグローバル戦略」や「グローバル・スタンダード」であったり、グローバルな経済活動の内容が多く、それ自体が目的化しているため、改めてグローバリゼーションの意味を大局的に問うてみたかったからである。

本書の内容に引きつけて考えた場合、本来のグローバリゼーションの下で農業生産活動は、人類共通の課題である「環境」や「食料の安定供給」を掲げる必要があり、農業政策のグローバル化もその観点から進められなければならない。目的は共通であっても、その実現のための手法はそれぞれの国やそれよりも狭い地域ごとの特性を活かした「ローカル」なものであって良い。「政策目的」のグローバル化と「政策手法」のローカル化である。現在「グローバリゼーション」の名の下に進められている「政策のグローバル化」はそのことを否定し、「政策手法」のグローバル化が目的とされているように思える。

日本においても、食料・農業・農村基本法（新基本法と略）では「食料の安定供給の確保」（第二条）、農業・農村の「多面的機能の発揮」（第三条）が目標として前面に掲げられ、それを支えるための「農業の持続的な発展」（第四条）、「農村の振興」（第五条）という組み立て方になっている。グローバル化した「政策目的」をローカルな主体が実現するという構図である。一九六一年に施行された「農業基本法」（旧基本法と略）において、「農業の発展と農業従事者の地位の向上を図る」（旧基本法第一条）と掲げられているように、ローカルな主体の経済的発展自体が目標とされていたことと比べると、大きな変化であり、日本農政上の転換点であるといえよう。

しかし、新基本法で示された方向性は農業政策上の課題として突然に提起されたものではない。後述するように、「新しい食料・農業・農村政策の方向」（一九九二年六月、「新政策」と略）においてすでに現れている。また、本書の中心的課題である「米」の分野では、新基本法に先立ち、一九九五年に食糧法が施行され、今日の政策が方向づけられたが、その直前には農政審議会が「新たな国際環境に対応した農政の展開方向」と題する答申を発表し、食糧法の内容に大きな影響を及ぼしている。(1)

問題はグローバル化した「政策目的」を実現するローカルな主体に対して、どのような政策手法で支援するのか、あるいは「新たな国際環境」がどのように認識されているのか、である。第二章で指摘したように、今日の政策方向が形成された二〇世紀最後の一〇年間における日本農業の諸指標はこれまでとは質的に異なる段階にいたったことを示している。それゆえ、農業政策の新しい展開方向が必要とされたのであるが、本来のグローバリゼーションという視点から見て有効に機能したのであろうか。日本農業の現状を農政の責任だけに帰することは正しくないが，少なくとも農業者に将来のビジョンを示せたのであろうか。

そこで，本章ではグローバル化した「政策目的」である「食料の安定供給の確保」や農業・農村の「多面的機能の発揮」を実現するローカルな主体である農業・農村や農業者が，現在の政策方向の中でどのように位置づけられているのか，またその支援のためにどのような政策手法が採用されているのかについて，新基本法を中心に検討し，若干の政策的課題を提起しておきたい。

2 食料政策と農業

(1) 新基本法における「食料」と「農業」の位置づけ

繰り返しになるが，新基本法では，「食料の安定供給の確保」が目標として前面に掲げられている。世界的にみて極端に低い食料自給率の下で，「食料の安定供給の確保」を政府の責任として，政策の中心課題に位置づけることは当然であろう。また，農林水産省の説明資料に示されている「消費者重視の食料政策の展開」も，今日の食料をめぐる安全性など様々な問題を考えれば必要であろう。あるいは，農村地域の現状や今後のWTOでの国際交渉を念頭に置けば，「多面的機能の発揮」も打ち出す必要があろう(2)。

しかしながら，皮肉な見方をすれば，「食料の安定供給の確保」にしろ，「多面的機能の発揮」にしろ，農業・農村の社会的役割ばかりが強調され，旧基本法にあった，農業という一産業の発展により，そこに従事する国民である農業生産者の所得・生活水準・地位の向上といった勤労者福祉的理念（現実はともかく）が後景に押しやられたとも言える。

また、前述の農林水産省の説明資料では、あたかも旧基本法の対象は農業及び農業従事者のみであり、「国民生活の安定向上及び国民経済の健全な発展」（第一条）という観点は新基本法で初めて盛り込まれたかのような印象を与えるが、旧基本法においても、「わが国の農業は、長い歴史の試練を受けながら、国民食糧その他の農産物の供給、資源の有効利用、国土の保全、国内市場の拡大等国民経済の発展と国民生活の安定に寄与してきた」（旧基本法前文）とされており、決して農業・農業従事者だけを念頭に置いたものではない。

異なっているのは、そのロジックである。旧基本法においては、農業及び農業従事者の「重要な使命にかんがみて、（中略）農業の自然的経済的社会的制約による不利を補正し、他産業との生産性の格差が是正されるように農業の生産性が向上すること及び農業従事者が所得を増大して他産業従事者と均衡する生活を営むことを期することができる」（旧基本法第一条）としており、簡単に言えば、農業は重要であるけれども、他産業に比べて条件が悪いので、生産性を向上することによって、何とかしなければいけない、というロジックである。そこでは「重要な使命」は前提であり、改めて目標として位置づけるべくもないものとして扱われていた。

新基本法においては、この「重要な使命」が、独立した政策目標として「食料の安定供給の確保」、「多面的機能の発揮」という形で農業政策の中心課題として掲げられ、並列的に「農業の持続的な発展」、「農村の振興」が位置付けられている。旧基本法では言わば自明の前提であったことが、ここでは改めて掲げざるを得ないものとして扱われているのである。

このように、新基本法においては、「農業」の位置づけがこれまでとは異なり、独自の目標（農業従事者の所得・生活・地位の向上など）を持って振興され、その結果として「国民食糧その他の農産物の供給、資源の有効利用、国土の保全」等が達成されるというものではなく、「食料の安定供給の確保」、「多面的機能の発揮」という目標の下で、その限りにおいて発展されるべきものとされているように思えるのである。言わば「食料」と

「農業」の位置づけが逆転したのである。

(2) 農業生産と切り離された「食料政策」

以上のように「食料」と「農業」の位置づけが逆転したことにより、どのような「食料政策」が展開されるのであろうか。

新基本法第二条「食料の安定供給の確保」では、「国民に対する食料の安定供給の確保については、世界の食料の需給及び貿易が不安定な要素を有していることにかんがみ、国内の農業生産の増大を図ることを基本とし、これと輸入及び備蓄とを適切に組み合わせて行われなければならない」としているとともに、「食料の供給は、農業の生産性の向上を促進しつつ、農業と食品産業の健全な発展を総合的に図ることを通じ、高度化し、かつ、多様化する国民の需要に即して行われなければならない」としている。

「国内の農業生産の増大」が「基本」とされたことで、評価する向きもあるが、「輸入」も「安定供給」の中に位置付けられているわけであり、国内生産は一つのオプションでしかない。そもそも旧基本法では「輸入に係る農産物に対する競争力を強化するため必要な施策を講ずる」(旧基本法第一三条)とされていたものが、「国内生産では需要を満たすことができないものの安定的な輸入を確保するため必要な施策を講ずる」(新基本法第一八条)になっているのである。また、国産「食料」の供給者としても、農業は食品産業と並立したものとしての一部門でしかない。と同時に、基本的施策について規定した第二章において、「食料の安定供給の確保に関する施策」(第二節第一六〜二〇条)の中で国内農業の位置づけはなく、「農業の持続的な発展に関する施策」(第三節第二一〜三三条)として独自に扱われている。

前項での叙述と食い違うようであるが、新基本法が「食料」を前面に掲げるとすれば、国民の求める食料の安定供給との関わりで、農業生産のありようと実現のための方策が示されなければならなかったはずである。少なくとも旧基本法下の農政では、その評価はともかく、「選択的拡大」政策という形で需要動向を念頭に置いた「生産政策」が展開された。そもそも「生産政策」なき「食料政策」など成り立たないはずである。

後述するように、新基本法に先立つ「新政策」でも、「政策展開の考え方」の最初に「食料政策」が掲げられている。しかしながら、「政策の展開方向」では、「農業政策」が最初にあり、その中心的内容は「構造政策」である。それとは別に「食品産業・消費者政策」が提示されているだけで、農業生産も含む総合的な食料政策としては提起されていない。

新基本法は、その目標において、「新政策」よりも踏み込んで「食料」を前面に掲げたが、内容としては、「新政策」の「食品産業・消費者政策」を膨らませて条文化したにすぎず、「食料消費に関する施策の充実」(第一六条)、「食品産業の健全な発展」(第一七条)、「農産物の輸出入に関する措置」(第一八条)、「不測時における食料安全保障」(第一九条)、「国際協力の推進」(第二〇条)からなっている。結局のところ、「食料の安定供給の確保に関する施策」(第二節)は国内農業生産とは相対的に切り離されたものとして扱われているのである。

(3) 「農業政策」において何が変わったか

「食料」と「農業」の位置が逆転し、「食料の安定供給」が「農業政策」の目標として位置づけられたにもかかわらず、その関連が必ずしも明確ではないとすれば、一体「農業政策」の何が変わったのだろうか。

旧基本法における政策体系は「生産政策」(旧基本法第二章)、「価格・流通政策」(旧基本法第三章)、「構造政策」(旧基本法第四章)として説明されており、新基本法においては「農地、水、担い手等の生産要素の確保と望ましい農業構造の確立」、「自然循環機能の維持増進」が「農業の持続的な発展に関する施策」(第三節)の内容

として説明されている。(3)

表現の違いはともかく、旧基本法との関係では、「望ましい農業構造の確立」（第二一条）という形で「構造政策」が前面に掲げられ、それとの関わりで農地、担い手の確保が述べられているとともに、「生産政策」の一部であった「農業生産の基盤の整備」は「環境との調和に配慮しつつ」という文言を加えつつ、「農地の区画の拡大、水田の汎用化」など、内容がより具体的に示されている。また、災害対策なども引き継がれている。

結局のところ、「女性の参画の促進」（第二六条）、「高齢農業者の活動の促進」（第二七条）や「自然循環機能の維持増進」（第三二条）、「農業資材の生産及び流通の合理化」（第三三条）などの新しい内容が盛り込まれつつも、旧基本法およびその下で展開した農業政策のうち、「構造政策」については引き継ぎ、「生産政策」についても一部は引き継いでいる。

では何が変わったのか。「価格・流通政策」である。旧基本法において、価格政策は「農業の生産条件、交易条件等に関する不利を補正する施策の重要な一環として」位置づけられ（旧基本法第一一条）、価格政策を規定した個別法においても農家所得の確保・経営の安定が掲げられていた。例えば、「この法律は、米麦に次いで重要な農産物の価格が適正な水準から低落することを防止し、もつてその農産物生産の確保と農家所得の安定に資することを目的とする」という具合にである。(4)

新基本法では「消費者の需要に即した農業生産を推進するため、農産物の価格が需給事情及び品質評価を適切に反映して形成されるよう、必要な施策を講ずべきもの」とされ、「農産物の価格の著しい変動が育成すべき農業経営に及ぼす影響を緩和するために必要な施策を講ずるもの」とされている（第三〇条）。

要するに、価格政策を通じた農家所得確保政策は否定され、市場に委ねることにより、「合理的な価格」で農産物が供給されるようにしつつ、それとは別個に経営安定対策を図るという方向が打ち出されており、現実にその方向に進んでいる。ある意味では、この点だけが、食料政策と直接リンクした農業政策の変更と言えよう。

(4)「食料政策」の具体的内容

これまで、新基本法の条文を理念的に検討してきたが、あくまでも新基本法は「基本法」でしかなく、具体的な政策展開は個別法に委ねられる。そこで本項では、新基本法施行後に成立した個別法を「食料政策」という視点から検討する。

新基本法が成立した第一四五回国会（一九九九年一月一九日～八月一三日）では一五件の農林水産省提出法案が成立したが、そのうち、新基本法と直接関わるものは、①「農業振興地域の整備に関する法律の一部を改正する法律」、②「持続性の高い農業生産方式の導入の促進に関する法律」、③「肥料取締法の一部を改正する法律」、④「家畜排せつ物の管理の適正化及び利用の促進に関する法律」、⑤「卸売市場法及び食品流通構造改善促進法の一部を改正する法律」、⑥「農林物資の規格化及び品質表示の適正化に関する法律の一部を改正する法律」である。

また、第一四七回国会（二〇〇〇年一月二〇日～六月二日）では一二件の農林水産省提出法案が成立したが、そのうち、新基本法と直接関わるものは、⑦「青年等の就農促進のための資金の貸付け等に関する特別措置法及び農業信用保証保険法の一部を改正する法律」、⑧「大豆なたね交付金暫定措置法及び農産物価格安定法の一部を改正する法律」、⑨「加工原料乳生産者補給金等暫定措置法の一部を改正する法律」、⑩「食品流通構造改善促進法の一部を改正する法律」、⑪「農産物検査法の一部を改正する法律」、⑫「砂糖の価格安定等に関する法律及び農畜産業振興事業団法の一部を改正する法律」、⑬「食品循環資源の再生利用等の促進に関する法律」である。

このうち、①は「農地の確保及び有効利用」（新基本法第二三条）に関わるもので、②～④は「環境農業三法」

と呼ばれ、「自然循環機能の維持増進」（同第三二条）に関わるものである。また、⑦は「人材の育成及び確保」（同第二五条）に関わり、⑧、⑨、⑫は前述した価格政策の見直しであり、「農産物の価格の形成の安定と経営の安定」（同第三〇条）に関わる。以上はいずれも「農業の持続的な発展に関する施策」（同第三節）に含まれるものであるが、食料政策という観点から見れば、前述した価格政策とともに、いわゆる「環境農業三法」が問題となってくる。

この三法については次節で詳しく検討するが、ここでは食料政策との関係でその意味を指摘しておきたい。この三法はいずれも、農業生産段階において、環境に悪影響を及ぼす物質および行為を規制するとともに、環境保全に資する行為および物質の投入について、国および都道府県が計画を定め、農業生産者の自主性を引き出しながら促進することを目指すものである。ただ、生産者に対する実質的な支援策は資金貸付およびその償還期間の優遇措置と課税面での優遇措置にとどまっており、生産者が自主性を発揮する経済的インセンティヴとしてはいささか弱い。むしろ、「家畜排せつ物法」では、家畜排せつ物の処理・保管施設の改善ないしは新設が必要となり、補助があるとはいえ、畜産農家に新たな負担を求めるものとなっている。そこで必要となってくるのは、生産者の環境保全的行為が、生産物の販売段階で意味を持つこと、すなわち農産物流通段階での経済的優位性の実現である。

それを保障するものとして期待されているのが、有機農産物の認証・表示制度の導入を定めた⑥であり、「食料消費に関する施策の充実」（新基本法第一六条）に関わるものである。ここでは「食料の安定供給の確保」と「多面的機能の発揮」および「農業の持続的な発展」が関連づけられており、その限りでは評価してよい(5)。

残りの⑤、⑩に関しては食品産業と農林漁業との連携の推進、卸売市場の活性化、食品産業の技術開発力の強化を図るためのものであり、⑪は検査の民営化、⑬は食品廃棄物のリサイクルの実施を規定したもので、いずれも「食品産業の健全な発展」（新基本法第一七条）に関わる。

結局のところ、個別法においても食料政策と国内農業生産との関わりは限られており、「食料」と「農業」のリンケージは「食料自給率の目標」を定めた「食料・農業・農村基本計画」に委ねられる。

(5)「食料政策」の帰結

新基本法では、「政府は、食料、農業及び農村に関する施策の総合的かつ計画的な推進を図るため、食料・農業・農村基本計画」（基本計画と略）を定めることになっており（おおむね五年毎に変更）、その中に「食料自給率の目標」を含めることになっている（第一五条）。この規定に基づき、二〇〇〇年三月に基本計画が公表され、一〇年度におけるカロリー・ベースでの自給率目標を四五％と定めた。

この目標については様々な議論があろうが、ここでは触れない。(6) 問題にしたいのは、生産と消費の関係についてである。この基本計画では、関係者が取り組むべき消費と生産の課題を明らかにし、その課題が解決された場合に実現可能な水準として四五％という目標が設定されている。

消費については、「望ましい栄養バランスが実現するとともに、食品の廃棄や食べ残しが減少すること」が主な課題として提示されており、「平成二二年度における望ましい食料消費の姿」が品目毎に示されている。また、それをふまえた「食生活指針」が出されている。

生産については、「消費者や実需者によって国内産の農産物が選択されるよう、品目ごとに、生産性の向上、品質の向上等課題を明確化した上で」、その課題が「解決された場合に実現可能な水準を『生産努力目標』として掲げ」、その上で必要な収量、作付面積、耕地利用率、農地面積が示されている。

つまり、「望ましい食料消費の姿」と「生産努力目標」とはリンクしており、その結果として食料自給率四五

％という目標が達成されるのであるが、その前提として消費者は「食生活指針」に示された食生活をおくり、生産者は生産性の向上、品質の向上という課題を解決しなくてはならない。

仮に消費者が「望ましい食料消費の姿」を実現したとしても、生産者は、常に「輸入」というオプションを持った「実需者」によっても選択されねばならない。最近の農林水産省の実態調査によれば、今後、食品製造業者が国内生産者と契約取引を行う条件として、「低価格で供給される」が約六割、「必要数量が安定的に供給される」が約四割、「安定的な品質で供給される」が約三割であり、「低価格」が最大の条件になっている。(7)

こうした要求に応えられなければ、「食料」と「農業」のリンクは達成されない。言うなれば、実需者に対する生産者の従属という形でしか、食料政策と国内農業生産のリンケージは図られていないのである。

結局のところ、新基本法における食料政策とは「食品産業の健全な発展」であり、そのための「価格政策」の廃止であり、農業政策においては相変わらずの「構造政策」なのである。

3　農業政策における農業と環境

(1)　「農業問題」と環境

前述したように、新基本法では「食料の安定供給の確保」とともに農業・農村の「多面的機能の発揮」が掲げられ、「自然環境の保全」、「良好な景観の形成」など環境に資する農業の役割が強調されている。

旧基本法では「農業の発展と農業従事者の地位の向上を図ること」（第一条）が目的とされ、農業の生産性の向上及び生活水準・所得の農工間格差の是正を図るべく、生産政策、価格・流通政策、構造政策が展開された。農法面ではいわゆる「近代化」＝「化学化」・「機械化」が推進され、「農業と環境」の関わりは主たる問題とはされなかった。言わば、この時点での農業問題（agrarfrage, agrarian question）は農民問題であり、所得上の貧困問題であった。従って、実質的にはともかく名目上、農業政策の課題は農民の所得上の貧困問題の解決にあった。

しかしながら、国民全般や農業生産者自身の環境保全意識の高まりを背景として、いわゆる「農業の近代化」に対するアンチ・テーゼとして「有機農業」が取り組まれるようになってきた。新基本法における「農業と環境」の位置づけの明確化は、ある意味では国民・生産者の自主的な運動・実践を制度的枠組の中に取り込み、農業政策上の中心課題の一つとしたことであるが、様々な問題もあり、単純に評価できるものではない。

そこで本節では、「環境」が農業政策の枠組に組み込まれていく過程を検討するとともに、前節では「食料政策」との関連でふれるにとどめた「環境農業政策」を独自にとりあげて論じることにする。

(2) 日本の農業政策における「環境保全型農業」の位置づけの明確化

日本の農業政策において「環境」が明文化されたのはそれほど古いことではない。農政全般に関わるものとしては前節でもあげた「新政策」が最初であろう。

「新政策」は、農林水産省内部の「検討本部」が外部有識者の「懇談会」および関係団体と意見交換を行いながら、まとめたものである。図5-1に示した目次からも明らかなように、「政策展開の考え方」で「食料政策」を前面に出し、「食品産業・消費者政策」を「政策の展開方向」に盛り込み、今後の中心課題の一つとして位置づけたほか、「農村地域政策」も同様の位置づけを与えた。更に「農林業活動を通じて国土・環境の保全を図ることが、「政策展開の考え方」に盛り込まれ、「環境保全に資する農業政策」が明文化され、今日の政策展開につながる方向性を示した。

ただし、「政策の展開方向」の大半を占める「農業政策」については、育成すべき農業者を従来の「自立経営農家」や「中核農家」といった表現ではなく、「個別経営体」、「組織経営体」という「経営感覚に優れた経営体」として位置づけ、それらの「経営体」に農地の集積を図るという方向が打ち出されており、これまでの「構造政策」の延長線上に過ぎない。また、「価格政策」についても、「需給事情を反映させた価格水準としていく必要がある」としたものの、制度それ自体の見直し（それが良いかどうかはともかく）までは言及されていない。

したがって、「新政策」はあくまでも「農業基本法」の政策体系の枠組の中で、新たな政策課題を一部付加したものであり、実際に立法化されたものは、「農業経営基盤強化促進法」（農用地利用増進法を改正）、「特定農山村地域における農林業等の活性化のための基盤整備の促進に関する法律」、「農業機械化促進法」（改正）であり、主として「構造政策」関係であった。

ともあれ、「環境保全に資する農業政策」が明文化されたことに伴い、農林水産省に「環境保全型農業対策室」が設けられ、環境農業政策が展開されていくことになる。

「新政策」が公表された前年（一

図 5-1　「新しい食料・農業・農村政策の方向」目次

はじめに
Ⅰ　政策展開の考え方
　1　食料政策
　2　農業政策
　3　農村地域政策
　4　国民的視点に立った政策展開
Ⅱ　政策の展開方向
　1　農業政策
　　(1)　土地利用型農業の経営の展望
　　(2)　経営体の育成と農地の効率的利用
　　(3)　米の生産調整と管理
　　(4)　価格政策
　2　農村地域政策
　　(1)　農村地域の展望
　　(2)　適正な土地利用の確保と農村の定住条件の整備
　　(3)　中山間地域などに対する取組み
　3　環境保全に資する農業政策
　4　食品産業・消費者政策
　5　研究開発及び主要な関連政策
　　(1)　研究開発
　　(2)　国際協力
　　(3)　団体・機関・組織など

九九一年)、折しも「第二一回国際農業経済学会議」(XXI International Conference of Agricultural Economists)が日本で開催され、その会議のメインテーマが"Sustainable Agricultural Development"であった。その公式の日本語訳は「人と自然を活かす農業発展」となっていたが、直訳すれば「持続的農業の発展」ないしは「農業の持続的発展」であり、農業生産と自然環境との調和という考え方とともに農業自体の持続的な発展という考え方が盛り込まれていた。

これに触発されたかどうかはともかく、これ以降、農業政策の決定・実行担当者、農業関係者、農業生産者あるいは研究者も含めて、「環境保全型農業」が文字通り「環境保全」に資するだけでなく、様々な意味で農業自体を「保全」するものとして、中心課題に位置付けられるようになった。もちろん、「環境保全型農業」を実践していた生産者、支援していた関係者、研究していた研究者は以前から存在していたが、農業政策全体の課題として位置づけられ、広く一般国民の意識にのぼるようになるのはこの時点からであろう。

この背景にあるのは、国民全体の環境問題に対する意識の高まりという一般的条件とともに、農業内部においては以下の条件が生じたためである。第一に、旧基本法が掲げた「農業従事者の地位の向上」は、皮肉にも農業からの一部あるいは全面的離脱、すなわち兼業化によって、少なくとも所得あるいは生活水準の面ではほぼ達成され、「農業問題」の内容が変わってきたこと、[8] 第二に、一方で農業自体は困難な局面にあり、維持するためにはこれまでとは異なる何らかの方向性が必要となってきたこと、第三に、従来型の「近代化」農法による環境への悪影響だけではなく、農業の荒廃(耕作放棄など)の進行が環境保全機能を低下させ、環境悪化をもたらすものとなってきたこと、第四に、農業生産者の減少、輸入食料の増大と食料自給率の低下、食品関連産業の拡大などの形態で、国民経済全体に占める農業の位置付けが低下し、従来の考え方(農業の発展と農業従事者の地位の向上など)では、国家政策とりわけ財政面でこれまでどおりの地位を農業が維持、あるいは拡大していくことが困難になってきたこと、第五に、同様に政治的にも「農業」よりも「消費者」、「環境」の方が意味を成すようになってきたこと、などがあげられる。(9)

(3) 新基本法と環境農業政策

政策目的とその具体化

新基本法は「新政策」が提起した新たな課題を、消費者重視、食品の安全性の確保・品質の改善や食品産業の健全な発展などを含む「食料の安定供給の確保」(第二条)として、国土・自然環境の保全などを含む農業・農村の「多面的機能の発揮」(第三条)として、政策の目的とし、そのための「農業の持続的な発展」(第四条)、「農村の振興」(第五条)という方向を明確にした。

新基本法策定の基礎になったのは、一九九七年四月から検討が開始され、九八年九月に内閣総理大臣に提出された「食料・農業・農村基本問題調査会」の「答申」であり、それを受けて農林水産省が同年一二月に策定した「農政改革大綱」(「大綱」と略)、「農政改革プログラム」(「プログラム」と略)である。新基本法はあくまでも農業政策の「基本」であり、具体的な施策については新基本法および「答申」、「大綱」、「プログラム」に沿って策定される個別法規に委ねられる。

前節でも述べたが、新基本法が成立した第一四五国会には、一五件の農林水産省関係の法案が提出され、相次いで成立した。このうち、環境に関わる法律は、「持続性の高い農業生産方式の導入の促進に関する法律」(「持続性農業促進法」と略)、「肥料取締法の一部を改正する法律」(「改正肥料取締法」と略)、「家畜排せつ物の管理の適正化及び利用の促進に関する法律」(「家畜排せつ物法」と略)のいわゆる環境農業三法とともに、「農林物資の規格化及び品質表示の適正化に関する法律の一部を改正する法律」(有機農産物の認証制度の導入、「改正ＪＡＳ法」と略)、「持続的養殖生産確保法」があげられる。

「改正JAS法」については後述することにして、いわゆる環境農業三法について検討しておく。

環境農業三法

「持続性農業促進法」の主な内容は、①都道府県は持続性の高い農業生産方式の導入指針を定める、②農業者は持続性の高い農業生産方式の導入計画を都道府県知事に提出し、認定を受ける、③認定を受けた農業者については融資を受けた農業改良資金の償還期間を延長することができる、④また、課税の特例措置の適用を受けることができる、⑤国、都道府県は認定を受けた農業者に対して、助言、指導、資金の融通のあっせん等の援助を行うよう努める、というものである。

「改正肥料取締法」については、①普通肥料の基準・表示の改善、②たい肥等の特殊肥料の品質表示の義務化、③有害物質を含むおそれのある特殊肥料を登録制度の対象にする、といった内容が盛り込まれている。

「家畜排せつ物法」については、①農林水産大臣は、農林水産省令で、家畜排せつ物の処理・保管施設及び管理方法の基準を定める、②畜産業者はその管理基準に従って、家畜排せつ物を管理しなければならない、③都道府県知事は管理基準に基づき、畜産業者に対して、報告を徴し、必要な場合には立入検査を行い、指導・助言・勧告・命令を行う、④農林水産大臣は家畜排せつ物の利用促進のための基本方針を定めなければならない、⑤都道府県は家畜排せつ物の利用促進のための計画を定める、⑥畜産業者は家畜排せつ物の処理高度化施設整備計画を都道府県知事に提出し、認定を受ける、⑦認定を受けた計画については、農林漁業金融公庫からの資金の貸付けを受けることができる、ということが定められている。

以上の三法については、農業生産段階において、環境に悪影響を及ぼす物質および行為を規制するとともに、環境保全に資する行為および物質の投入について、国および都道府県が計画を定め、農業生産者の自主性を引き出しながら促進することを目指すものである。ただ、生産者に対する実質的な支援策は資金貸付およびその償還期間の優遇措置と課税面での優遇措置にとどまっており、生産者が自主性を発揮する経済的インセンティヴとしてはいささか弱い。むしろ、「家畜排せつ物法」では、家畜排せつ物の処理・保管施設の改善ないしは新設が必要となり、補助があるとはいえ、畜産農家に新たな負担を求めるものとなっている。

そこで必要となってくるのは、生産者の環境保全的行為が、生産物の販売段階で経済的に優位になること、すなわち農産物流通段階での経済的優位性の実現である。

農産物流通段階での経済的優位性を実現するものとして期待されているのが、有機農産物の認証制度の導入を定めた「改正ＪＡＳ法」である。

青果物卸売市場と有機農産物流通

日本における有機農産物の多くは卸売市場を経由しない、いわゆる「産直」の形態で流通していた。卸売市場を経由しない流通全般を「市場外流通」と呼ぶが、その中には量販店や食品産業・外食産業による契約生産や産地との直接取引なども含まれている。「産直」は「市場外流通」一般ではなく、「生産者と消費者の直結」という理念が込められており、双方の信頼に基づき、有機農産物の取引が行われていた。したがって、「産直」による有機農産物の取引の原則的な形態は生産者あるいは生産者集団と消費者あるいは消費者集団との取引であり、その条件下でのみ公的な認証制度は必要なかったのである。

しかしながら、広い意味での「有機農産物」の需要拡大に伴い、その流通に関わるものが消費者・消費者集団から消費者団体に拡大し、更には「有機農産物」流通の専門事業体が現れ、量販店や外食産業等も「有機」を売り物にしだすようになる中で、生産に携わるものも生産者・生産者集団から生産者団体、法人へと拡大していった。こうした状況下で「有機」表示の信頼性が疑われはじめるとともに、「有機」農産物が消費市場にあふれることにより、経済的優位性もそれほど魅力のあるものでなくなってきている。

日本における青果物、とりわけ野菜の流通は卸売市場経由が大宗を占める。確かに、量販店の販売シェアの拡大と産地との直接取引により、市場経由率の低下が見られたが、なお大宗を占めている。出荷者については、シエアが低下してきたとはいえ、農協系統組織が過半を占めている。

こうしたマス・マーケティング・チャネルに対し、「産直」による有機農産物流通はニッチ・マーケティング・チャネルとしての優位性を有してきたにすぎない。「産直」のみならず、「市場外流通」による取引一般が特定顧客・実需者の特定ニーズを満たすことにより、ニッチ・マーケティングとしての優位性を発揮してきたのである。

いまや、卸売市場がニッチ・マーケティング・チャネルをも一部取り込みつつある。卸売市場での取引の原則は、委託集荷によるセリ・入札取引による値決めである。しかし、卸売市場におけるセリ・入札取引割合は年々低下しており、それだけ予約型取引が拡大している。予約型取引にはいくつか種類があるが、共通しているのは産地からの事前の入荷情報により、セリ・入札にかけられる前に事実上取引を済ませてしまい、入荷した農産物を先に搬出してしまう（いわゆる「先取り」）ことである。この取引形態は量販店などの大手実需者の販売形態に対応するように「例外」として認められてきたものであるが、その「例外」が拡大し、「原則」であるセリ・入札が後退している。更に、前節でもあげた「卸売市場法及び食品流通構造改善促進法の一部を改正する法律」では、この「例外」を「原則」の一つにしたのである。[10]

ともあれ、予約型取引の拡大により、これまで「市場外流通」で行っていたような産地との契約に基づく直接取引なども、卸売市場の物流施設としての機能、卸売会社の決済機能などを利用する形で行うことが可能となっている（卸売市場の物流センター化）。例えば、一部の生協では、遠隔地にある「有機」農産物供給契約産地との取引については卸売市場を利用する形で行っている。また、別の動きとしては、東京都中央卸売市場（大田市場）内には「有機農産物コーナー」が設けられており、この動きは広がっていくことが予想される。

このような形態で、「産直」ではなく、市場を経由する有機農産物流通が拡大していけば、表示の信頼性を確立し、それによる経済的優位性を発揮させなくては、「有機農業」は拡大しない。それゆえ、有機農産物の認証制度が必要になってきたのである。

一般的な価格支持政策については、前章で詳しく述べたように、農業協定に基づき「生産刺激的」な政策として、新基本法においても縮小・廃止の方向である。その条件下で「環境保全」とともに「農業保全」を含めた“sustainable agriculture”を実現するためには、市場での取引・価格形成を前提にした「有機農業」の優遇策が政府としては必要となってくるのである。

(4) 農政改革における「環境保全型農業」の位置と問題点

本節ではこれまで「有機農業」、「環境保全型農業」、“sustainable agriculture”という用語を区別して用いてきたつもりだが、分かりにくいと思うので、整理しながら、問題点を指摘しておく。

政府は「環境保全型農業」を推進することを掲げているが、その背景にあるのは“sustainable agriculture”であり、環境とともに農業自体の保全も含んだ概念である。

この“sustainable agriculture”という用語は、環境問題に関わる研究者や運動家の中で、その概念をめぐって議論となった“sustainable development”あるいは“sustainable society”を農業にあてはめたものであり、概念はあいまいである。それゆえ、立場によってとらえ方が異なる。

前述したように、政府は「環境保全」を掲げることで国民一般の理解を得ることにより、国家政策とりわけ財政面でこれまでどおりの地位を農業が維持、あるいは拡大していくことを念頭に置いており、農業予算のsustainability（持続性）の要素が強い。実際にここ数年前から新規に開始された農林水産省が行う事業の多くは「環境」、「景観」を事業目的に含んだものである。

一方、生産を刺激するとされている価格支持政策については、WTO協定の枠組みの中で縮小する方向に進んでおり、生産者が求める農業自体のsustainabilityについては、有機農産物の認証・表示の制度化により、市場での評価を高め、相対的高価格を実現するという方向しか示されていない。

しかしながら、それは「有機農業」に限定されたことであり、これまでのように有機農産物＝「ニッチ」という枠組みから踏み出ていない。「有機農業」が広範囲に拡がり、一般化し、有機農産物が「ニッチ」でなくなれば、市場における優位性を喪失し、sustainabilityを持たなくなる。また、本来の「環境保全型農業」は“sustainable agriculture”であり、必ずしも「有機農業」とイコールではない。

政府が進めている「環境保全型農業」では、農業自体のsustainabilityのために「有機農業」を実践する生産者が増えれば増えるほど意味を成さなくなってしまう。そこで、国民一般が求める自然環境のsustainabilityを実現するための方策として、政府は農業生産への直接規制という手法を採用する。

最近、一部の生産者から「環境問題がうるさくなったので農業がやりにくい」旨の発言を聞くことが多い。これは言うまでもなく、農薬や化学肥料の投入に関して「うるさくなった」ということであり、そのことを一部の生産者は負担に感じているのである。さらに続けて「消費者は農業をやったこともないくせに農薬や化学肥料を使わずに農業をやれという」旨の発言もある。

これは、一方ではこれまで推進されてきた農業の「近代化」＝「化学化」・「機械化」に生産者自身が慣れてきてしまったことの現れであるが、他方で政府の十分な支援なき規制により、「環境保全」の責任が生産者に押しつけられ、環境問題をめぐって「消費者対生産者」という対立の構図が政策的に作られたことを意味している。

本来の「環境保全型農業」である“sustainable agriculture”を実現するためには、国民一般が求める自然環境のsustainabilityと生産者が求める農業自体のsustainabilityが同時に実現されなくてはならない。そのために必要な財政上のsustainabilityであれば合理性があろう。

しかしながら、実際には自然環境のsustainabilityを名目に財政上のsustainabilityを確保し、農業自体のsustainabilityについては市場原理（有機農産物の評価の確立）と生産者の努力（「有機農業」の実践）に委ねるという要素が強いのである。

(5) 本来の「環境保全型農業」＝“sustainable agriculture”のための課題

先に「本来の『環境保全型農業』は“sustainable agriculture”であり、必ずしも『有機農業』とイコールではない」と述べたが、その意味するところは四つある。一つは、「有機農業」はいわゆる「近代化」農業へのアンチ・テーゼとして取り組まれてきた「運動」であり、目的も「環境保全」に限らず、また必ずしも「環境保全」を全面的に掲げていないものもあるということである。二つ目は、現状では必ずしも厳密な意味での「有機農業」（三年以上、堆肥等による土づくりを行ったほ場において化学合成農薬、化学肥料および化学合成土壌改良剤を原則として使用しない栽培）に限定せず、「無農薬」や「減農薬」、「無化学肥料」や「減化学肥料」など、慣行農法とは違う、広い意味での「環境保全型農業」として考えた方が実践的に意味があるということである。また、実際に運動として展開されてきた「有機農業」も必ずしもこの基準に沿ったものではない。三つ目は、たとえ「有機農業」であったとしても生産構造のあり方（同一品目の集中、堆肥の過剰投入など）次第では水質の富栄養化など環境に悪影響を及ぼすことがあり、現にヨーロッパの一部ではそれが問題になっており、総合的かつ科学的に取り組まなければ、必ずしも「環境保全型農業」にはならないということである。四つ目は、「有機農業」は農法上の概念であり、「環境保全型農業」にはそれに加えて「農業を保全する環境」の整備も含まれているということである。

そこで最後に、本来の「環境保全型農業」＝"sustainable agriculture"を実現するために必要な政策上の課題を提起しておく。

直接所得補償方式の検討

第一に、環境保全的な農業経営に対し、直接所得補償方式（直接支払方式）の導入ができないか、という点である。いうまでもなく、そのためにはＷＴＯの場での交渉で「生産刺激的でない」、「貿易を歪めるものではない」との合意をとりつける必要がある。その場合、ＥＵが行っているような方式を検討し、交渉についてはＥＵと協力するとともに、東アジア諸国の環境保全的な農業経営を支援することで、東アジア全体として共同歩調をとれるよう努力することも考慮すべきである。前章で紹介した韓国の取組みなども参考になろう。

経営安定対策の充実

第二に、経営安定対策に環境保全的要素を盛り込めないか、という点である。前述したように、一般的な価格支持政策については縮小・廃止され、農産物価格については「需給事情及び品質評価を適切に反映して形成されるよう」になった。その下で価格の「著しい変動が育成すべき農業経営に及ぼす影響を緩和するために必要な施策」として、政府財政と生産者自身の積み立てによる基金により、価格低下に伴う減収分の一部を補填する「経営安定対策」が実施されている。前章で述べたように、この経営安定対策は「保険方式」を基本にした経営所得安定対策への移行が検討されている。こうした安定対策において、環境保全的な農業を実践している生産者に対して何らかの優遇措置、例えば積立金や掛金の減免あるいは補填金の優遇措置などを導入することが考えられる。

地域毎の振興策の重要性

第三に、「環境保全型農業」の範囲をある程度拡大し、広範な生産者が実践できるような施策が実施できないか、という点である。「改正ＪＡＳ法」で定めた認証・表示は厳密な意味での「有機農産物」に限定されており、表５-１によれば、それに該当するとみられる「無化学肥料、無

表 5-1　環境保全型農業に取り組む農家数

（単位：戸，％）

区分			無農薬	減農薬	その他	計
無化学肥料	土づくり有	実数	10,816	11,306	2,831	24,953
		割合	0.5	0.5	0.1	1.1
	土づくり無	実数	2,562	3,571	967	7,100
		割合	0.1	0.2	0.0	0.3
減化学肥料	土づくり有	実数	7,016	203,799	20,379	231,194
		割合	0.3	8.7	0.9	9.9
	土づくり無	実数	3,157	73,195	6,669	83,021
		割合	0.1	3.1	0.3	3.6
その他	土づくり有	実数	1,800	28,168	82,173	112,141
		割合	0.1	1.2	3.5	4.8
	土づくり無	実数	1,438	17,676	24,033	43,147
		割合	0.1	0.8	1.0	1.8
計		実数	26,789	337,715	137,052	501,556
		割合	1.1	14.5	5.9	21.5

注：調査対象は販売農家であり，割合は販売農家を 100 としたもの．
資料：2000 年農林業センサス．

農薬、土づくり有」の農家数は一万八一六戸、販売農家に占める割合は〇・五％に過ぎない。しかし、多くの農家が「環境保全型農業」に全く無関心というわけではない。慣行農法とは違う、広い意味での「環境保全型農業」に取り組む農家は五〇万戸以上存在し、販売農家に対する割合で二一・五％、作付面積に対する割合でも一六・一％を占める(11)。この「環境保全型農業」を行っている農家のうち過半数は比較的取り組みやすい「減化学肥料、減農薬」といった栽培方法である。

こうした農家が更に環境保全的な栽培方法に進むためにも、また現在は「環境保全型農業」に取り組んでいない農家が取り組むためにも、地域毎の特性やこれまでの取り組みをふまえた地域毎の総合的な振興策、科学的な農業技術の確立が必要である。農林水産省環境保全型農業対策室の調べによれば、二〇〇一年九月現在で二九都道府県が独自の特別栽培農産物の認証制度を持っており、全国で四六％の市町村が地域環境保全型農業推進方針を策定している。

環境保全型農業を支援する条例の策定まで行っている地方自治体は五道県、九市町村にとどまっているが、こうした地方自治体独自の取り組みの意義は大きいであろう(12)。

本章冒頭のグローバリゼーションをめぐる議論との関係で言えば、グローバル化した「政策目的」である「環境保全」を実現するローカルな主体に対する支援策は、当該主体の経済的発展も実現するものでなければならず、グローバルな政策手法である「市場原理」の活用だけではいけないということである。「政策のグローバル化」にも対応しうる直接支払方式や保険方式も活用しつつ、日本という国の特性やより狭い範囲の地域特性に応じたローカルな政策手法を講じるべきであろう。

それぞれの地域や主体（生産者や消費者）が協力しながらも独自に取り組む環境保全的な農業生産の協同が、地球全体で一緒に取り組む共同の行動とあいまって、グローバルな目的である環境保全が実現できると考える。支援策は地域独自の取り組みも対象にしなければならない。前節ではふれなかったが、「食料の安定供給」という点でもローカルな政策手法が必要なことは同様である。地球全体や一国内での食料供給の確保や需給調整も必要だが、まずは可能な限り地域ごとに生産と消費の結合が図られる必要があり、食料政策はそれを念頭に置く必要があろう。

やや付け足し的になるが、本書の副題である米「流通の再編方向を探る」上でも、以上のことを念頭に置かなければならない。この点については最後の第七章で考察しよう。

注

（1）農政審議会「新たな国際環境に対応した農政の展開方向」については、第一章の表1-4を参照。

（2）農林水産省「食料・農業・農村基本法のあらまし」

(3)　農林水産省、前掲。

(4)　「農産物価格安定法」(一九五三年制定)、他にも「大豆なたね交付金暫定措置法」(六一年制定)、「砂糖の価格安定等に関する法律」(六五年制定)、「肉用子牛生産安定等特別措置法」(八八年制定)にも同様の目的が掲げられている。

(5)　もっとも⑥については問題点も多く指摘されており、著者の見解は、冬木勝仁「農産物・食品の表示制度」『月刊ＪＡ』第四六巻第九号、二〇〇〇年九月、二一ページ、を参照されたい。

(6)　この食料自給率目標についての著者の見解は、冬木勝仁「食料自給率目標を考える」『月刊ＪＡ』第四六巻第五号、二〇〇〇年五月、二一ページ、を参照されたい。

(7)　農林水産省統計情報部「食品製造業における農産物需要実態調査結果の概要」、二〇〇〇年八月。

(8)　工藤昭彦氏は「兼業標準化による農業＝貧困問題の処理が、農業＝環境問題という被害主体も解決の主体もともに不明瞭な新たな社会問題を次第に醸成し、顕在化させ始めたのである」と指摘している。工藤昭彦『現代日本農業の根本問題』批評社、一九九三年、五五ページ。

(9)　三島徳三氏は一九八〇年代に「自民党の地盤が農民・都市自営業者層、すなわち旧型中間層から」、「管理・技術者、ホワイトカラーなど新中間層」に移動し、その結果「自民党は、旧型中間層の利益を図る保護政策や参入規制を縮減し、代わって新中間層や最大のマジョリティである消費者の利益を優先した政策へと、政治路線の切換えを図っていった」と指摘している。三島徳三「規制緩和政策の展開と農業・農産物」三國英實・来間泰男編『日本農業の再編と市場問題』筑波書房、二〇〇一年、四四ページ。

(10)　詳しくは、細川允史「流通再編と卸売市場」滝澤昭義・細川允史編『流通再編と食料・農産物市場』筑波書房、二〇〇〇年、五七〜五八ページ。

(11)　作付面積に対する割合については、農林水産省「環境保全型農業による農産物の生産・出荷状況調査結果の概要」、二〇〇二年九月、による。

(12)　農林水産省環境保全型農業対策室「地域環境保全型農業推進方針策定市町村一覧」、「都道府県・市町村における認証制度・支援事業等一覧」。

第六章　米飯ビジネスの展開とコメ・ビジネス

1　消費における米の位置づけとコメ・ビジネス

(1)「生産調整に関する研究会」における米の位置づけ

米は日本人にとって主食である。ある年代以上にとっては自明の前提である。著者自身も同様であり、それゆえ本書ではこれまで何の違和感もなく、米だけについて行われてきた特別な規制の枠組みである食糧管理制度の変遷を叙述してきた。また、その規制が緩和される中でコメ・ビジネスが進展してきたことを批判的に叙述し、その影響を受ける生産者にシンパシーを持ちつつ、彼らの対応を「経済主体としての成長」と「資本への包摂」という両側面から、期待と危惧を抱きながら捉えてきた。

実際に、第二次世界大戦中はともかく、戦後も政府が米を他の農産物とは異なる特別な制度で扱い、政策的に深く関わってこれたのは「米は主食」ということを根拠にしている。また、それゆえ農業生産でも大宗を占めていたため、農民を「保護」することにより、政治的に統合していく上でも意味があったからである。

その大前提、すなわち「米は日本人にとって主食である」ということが崩れつつある。

「(A委員)［五］の冒頭のところであるが、『第二に、米が一般商品化してきている。』という認識は私もあるが、作っている農家にすると、『米は主食であるものの、米が一般商品化してきている。』と表現してもらった方が望ましいと思う。

（部会長）　これも表現の問題で、昔、日本の消費エネルギーの中で、おそらく大部分が米であったという意味合いがあり、その比率が五〇％であったり、今の二五％であったりする。そのことがどういう表現になるかということだが、意見はないか。もしよければ、これも任せてほしい。考えは伺ったが、取りまとめの流れによっては、趣旨にそぐわないこともあるかもしれない。

（B委員）　米が主食というのをあまり強調しない方がよいのでは。

（部会長）　意見があったが、米が主食だということを強調しなくともよいという気持ちも理解できるし、生産者としては寂しいという気持ちも理解できる。必ずしもそれが大問題というわけではないので、この辺で預からせていただきたい。」

これは「新しい米政策」が策定される上で基礎となった「生産調整に関する研究会」（食糧庁所管）の第六回流通部会（二〇〇二年六月二五日）での議論の一部である。この日は流通部会の中間取りまとめの原案が資料として提出され、「検討の前提」の中に「米が一般商品化」という表現があることに対して、生産者であるA委員が「主食」の文言を入れてほしい旨の発言をし、経済団体の代表であるB委員がA委員の意見に難色を示したものである。最終的に、「生産調整に関する研究会」全体の中間とりまとめである「米政策の総合的検証と対応方向（米政策の再構築に向けた中間とりまとめ）」を決定する第七回研究会（〇二年六月二八日）に資料として提出された「流通部会中間とりまとめ」にはA委員の要望は盛り込まれなかった。

「生産調整に関する研究会」でB委員のような意見が一般的であったというわけではなく、農協系統組織や地方自治体の農政担当者から選ばれた委員はたびたび「主食である米」、「日本の主食は米である」ということを強調していた。「米が過剰であるのは、米が国民の主食であるので当然である。それにより、国民の生活の安定が図られる。」（第一〇回、二〇〇二年一一月七日）このような発言もあった。

しかし、「生産調整に関する研究会」での議論全体をつうじて、消費者代表やその他の委員が右記のような趣旨の発言を行うことはほとんどなく、むしろ「主食用」と「加工用」、その他に分けて米を捉える議論が一般的であった。そのことを反映して、最終的に取りまとめられた「水田農業政策・米政策再構築の基本方向」（二〇〇二年一一月二九日）では、「米づくりの本来あるべき姿」として、「今後の米づくりについては、消費者ニーズを起点とし、家庭食用、業務用、加工用、新規需要用、稲発酵粗飼料用等の様々な需要に応じ、需要ごとに求められる価格条件等を満たしながら、安定的供給が行われる消費者重視・市場重視の姿を目指す」ことが示された。(1)

こうした「様々な需要」の背景には消費者の米消費の変化がある。消費者の米消費動向については第一章でも購入先と購入価格帯の変化についてふれたが、ここであらためて詳しく検討する。

(2) 消費者の米消費動向

カロリー摂取から見た米の位置

米の一人当たり年間消費量は一九六二年の一一八・三キログラムをピークに年々減少し、二〇〇〇年では六四・六キログラムしかない。『食料・農業・農村白書』の〇一年度版によれば、(2) 米の消費量がまだ多かった六五年と〇〇年とを比べてみると、日本人が摂取するカロリー（供給熱量）のうち米の占める割合は四四・三％から二三・八％に低下している。

一般に、日本人のご飯（米）中心の食生活が西洋化し、パン食（小麦）が増えてきたといわれるが、カロリーの摂取割合で見る限り、小麦の割合は一九六五年の一一・九％から二〇〇〇年には一二・四％へと若干上昇しただけで、少なくとも七〇年代以降は小麦の消費量が大幅に増加したわけではない。ただし、年代別に見ると、やや事情は異なる。「生産調整に関する研究会」が議論の際に利用した日本生活協同組合連合会の「全国生計費調査」によれば、四〇代以上の年代と異なり、二〇代では九九年から、三〇代では〇一年から食費に占める米の割合よりパン・麺の割合が上回っており、若い世代では比較的高齢の世代より主食に占める米の位置づけが低くなっている。(3)

とはいえ、それ以上に特筆すべき変化は畜産物や油脂類の大幅増加であり、以前は米で摂取していたカロリーを肉や油で摂取するようになってきている。つまり、日本人の食生活において主食の内容が若い世代を中心に変化してきたとともに、全体として主食そのものの位置づけが低下し、副食が食卓の中心となってきたのである。

食生活における米の位置づけの低下は日本の食糧自給率の低下につながる。米は一九六五年度では自給率一〇〇%であり、輸入が恒常化されている二〇〇〇年度でも九五%である。消費が増えた油脂類は六五年度で三三%、〇〇年度では五%しかない。畜産物は六五年度で九二%、〇〇年度で六六%であるが、飼料の多くを輸入に頼っているので、それを差し引けば六五年度四七%、〇〇年度一七%にしかならない。自給率が高い米の消費が減少し、自給率が低い油脂類や畜産物の消費が増えれば、当然のことながら全体のカロリーベースの自給率は六五年度の七三%から〇〇年度の四〇%に低下せざるをえない。

米の購入動向

米の位置づけが低下する中で、「生産調整に関する研究会」の中間取りまとめが指摘するように、「米と他食品との間で競合関係が生じている」。第一章では、食糧庁が毎年行っている「食糧モニター調査結果」から、米の購入先に占めるスーパーなど量販店の割合が大きくなり、購入価格帯が年々下方にシフトしていることを指摘したが、その背景となる米を選ぶ際の判断基準も変化してきている。東京都が行った「東京消費生活モニターアンケート」によれば、米購入時における消費者の判断基準は、一九九六年度までは「銘柄」、「味」、「価格」の順であったが、九八年度は「価格」が判断基準として最も重視され、次いで「味」の

順になり、「銘柄」があまり重視されなくなった。二〇〇〇年度にはさらに「安全性」が「銘柄」を上回った。(4)

もっとも、米の主産地から離れた東京ではこのような結果になったが、右記の食糧庁の調査で全国の傾向を見れば、「銘柄」に相当する「産地・品種」の割合がやや高くなり、「安全性」が低くなる。毎回質問方法が異なるので、単純には比較できないが、一九九九年九月一三日〜一〇月一五日の調査では「食味」、「価格」、「産地・品種」、「安全性」の順、二〇〇〇年九月一一日〜一〇月一三日の調査では「価格」と「食味」の順が入れ代わっている。〇一年八月二八日〜九月一七日の調査では「食味」、「産地・品種」、「価格」、「安全性」の順になっており、いずれの年も「安全性」より「産地・品種」が上回っている。全国平均よりも東京で「安全性」が判断基準として重視されるのは、生産現場から最も離れ、不安があることの裏返しであろう。逆に産地を身近に感じられるところでは地元の米を重視する傾向が根強く残っているため、「産地・品種」が重要視される。食糧庁の調べによれば、過半数の二六県で〇一年産米の卸売段階での自県産米購入割合が七〇%を超えている。(5)

とはいえ、不況下で以前よりも「価格」が重視されるようになってきているのは事実である。二〇〇〇年二月一四日〜三月一七日の「食糧モニター調査結果」では、景気低迷の「影響を受けている日常の食事の品目」として二三%が「米」と答え、そのうち七二%が「値段の安い米に変えた」と回答している。

米の消費形態の変化

米の消費の仕方も大きく変化した。食糧庁の推計によれば、二〇〇〇年に主食として使用された米のうち外食での使用量が二六三万トンで三〇%の割合を占めている。二六三万トンという数量はこの年の米生産量上位四道県、北海道七二・九万トン、新潟県六五・九万トン、秋田県五五・〇万トン、宮城県四五・九万トンの生産量を合わせたものを上回る。(6) 外食での消費は店舗での食事（イート・イン）だけではなく、家庭に持ち帰ったり（テーク・アウト）、家庭に配達してもらう（デリバリー）弁当類など「中食」と呼ばれるものを含んでおり、家庭内での米の消費の仕方も変化している。

それに加えて、レトルト、無菌包装（パック）、冷凍、缶詰、チルドなど加工米飯を家庭内で消費する形態も増加している。食糧庁の調べによれば、加工米飯の生産量は二〇〇一年で二五・九万トンに達しており、ここ一〇年間で二・二倍の伸びを示している。加工米飯の形態としては冷凍米飯がもっとも多く、六割以上を占め、種類としては混飯が過半を占める（後掲の表6-1参照）。つまり、家庭内での米の消費の仕方として、すでに調理された冷凍のピラフなどを電子レンジで解凍、加熱する形態の消費が増加している。

以上のような指摘にとどめれば、「生産調整に関する研究会」の認識とそれほど変わりがない。

消費動向とコメ・ビジネス

「全体の米消費減少の中での外食等の米消費の大幅な増加、消費者の米の購買先の量販店へのシフトにより、米と他食品との間で競合関係が生じている。このような中で、経済全体のデフレ傾向も反映して、米の価格は消費者にとっても、米の加工品のメーカーにとっても選択の重要な要素になっている」という認識である。(7)

しかし、これをコメ・ビジネスという視点で捉えればどうなるのか。米消費減少・価格低下は生産者にとって深刻な問題というだけではない。米の市場規模、すなわちコメ・ビジネスの「パイ」＝利潤獲得源泉の縮小を意味しているのである。実際に、最大手の卸売業者も低価格路線の影響から「増収減益」の状態になっていることは第一章の注(24)で指摘したとおりであるし、より「川上」、すなわち生産者にその負担を転嫁しがちであることも第二章の「フードシステム」の論点の中で指摘した。

「パイ」の縮小を埋め合わせるための様々な工夫が行われている。第一章で述べたさまざまな流通合理化、有名産地指定、産地精米、パッケージングの工夫、物語性を持たせた宣伝（「〇〇さんの作ったお米」、「〇〇のある村のお米」など）、PBなど流通・販売面でコスト削減を図ったり、逆に「付加価値」をつけたりする方法である。しかし、流通・販売段階での工夫の余地は限られている。教科書的に言えば、流通過程は価値を生み出さないからである。それゆえ生産過程も含めた取り組みも行われている。有機栽培など栽培面での取り組み、低アレルゲン・低たん白などさまざまな機能性を持たせた品種の開発、胚芽精米、無洗米などとう精段階での工夫をおこない付加価値をつける方法である。

だが、米を米として扱う限り、結果は限られている。流通・販売コストが〇円以下に削減されるわけではないし、販売価格がとびぬけて高く設定できるわけでもなく、せいぜい標準的な販売価格プラスアルファ程度である。「特別な米」として売り出せば、それ自身の売り上げはあがったとしても、一般の米から需要がシフトするだけで、米消費全体が増えるわけではない。

そこで、米を米のまま販売するのではなく、米飯として販売するビジネス（米飯ビジネス）が必要となる。米から米飯を生産する過程で付加価値をつけるとともに、工夫次第で消費の拡大が見込めるからである。[8]「生産調整に関する研究会」は「食の外部化、簡便志向の中で、レトルト米飯、おにぎり、コンビニ弁当、外食等多様な米消費の形態が出現し」てきたことを指摘し、「消費者ニーズ」の側面から米飯ビジネスの展開を捉えている。[9]

このこと自体はまちがっておらず、核家族化、生活スタイルの変化といった家庭のありようを反映して、米消費にとって必要な「炊飯」という行為が、家庭内から家庭外へと「外部化」されつつあるのが現状である。しかし、そういった「消費する側」の事情とともに、前述した「販売する側」の事情も見逃してはならない。そこで以下では、米消費動向との関連でコメ・ビジネスにおける位置づけが高くなってきた米飯ビジネスについて検討する。

2　米飯ビジネスの概要

(1)　米飯ビジネスの分類

米飯を販売するビジネスとしてすぐに思い浮かぶのはファミリーレストランなど外食産業や冷凍のピラフなどを製造する加工米飯業者である。また、人によっては持ち帰り弁当やコンビニエンス・ストアの弁当の方がなじみ深いかもしれない。そうしたメジャーなものばかりではなく、米飯ビジネスにはさまざまな業態が存在する。

大きく分類すれば、フードサービス業者と①加工米飯業者に分類できるが、前者はさらに②レストランや食堂など本来の外食業者、③持ち帰り弁当などのいわゆる中食業者、④コンビニエンス・ストアや量販店などに弁当・惣菜を納品するいわゆるデリカ業者（業界ではベンダーと呼ばれることもある）、⑤事業所・病院・学校等の食堂の運営やケータリング（古い表現で言えば、仕出し）を行う給食業者、⑥炊飯を専門とする炊飯業者などに分かれる。消費者への出食形態で分類すれば、自らは店舗を持たず、他業者に製品を納入する①、④、⑥と店舗での出食（イート・イン）が中心の②、イート・インとともに配達（デリバリー）を行う⑤、家庭への持ち帰り（テーク・アウト）やデリバリーが中心の③に分かれよう。

それぞれの業態ごとの業者数について、業界団体の会員数で見れば、[10]①が属する㈳日本即席食品工業協会加工米飯部会には二一社が加盟しているが、大手で会員になっていないところも多く、食糧庁の調べによれば、二〇〇一年現在の加工米飯業者は一五六社である。[11]②、③が属しているのは㈳日本フードサービス協会（JFと略）で、正会員・賛助会員あわせて七三〇社であり、米飯ビジネスではもっとも主要な団体である。④については、㈳日本惣菜協会に加盟しており、正会員は約二五〇社である。⑤が主に加盟しているのは、㈳日本給食サービス協会で正・準会員二五二社である。また、㈳日本弁当サービス協会（一〇五社）に加盟している業者もある。⑥については㈳日本炊飯協会があり、五三社が加盟している。すべての業者が加盟しているわけではなく、重複して加盟している業者もある。また、団体によっては、特にＪＦや㈳日本惣菜協会では加盟業者すべてが米飯を扱っているというわけではないので、以上の合計が米飯ビジネス業者数全体をあらわしているわけではない。

コメ・ビジネスと米飯との関係を考えた場合、以上のような業態別の分類ではなく、仕入形態および販売形態の相違が重要である。第一に、米流通業者から米を仕入れて、米飯もしくは加工米飯の形態で流通業者を経て消費者に販売するか、もしくは他の業者に原料として販売するもの、①、⑥がこれにあたる。第二に、米の形態で米流通業者から仕入れるか、もしくは米飯・加工米飯の形態で第一の業者から仕入れ、それに調理を施して、流通業者を経て、あるいは直接消費者に販売するもの、②、③、④、⑤がこれにあたる。

前者が「炊飯」（米→米飯）という過程を担うことを主たる事業にしているのに対し、後者は「調理」という過程が主たる事業で、「炊飯」はその一部に過ぎないか、もしくは全く「炊飯」を行わない。また、前者にとっては提供商品に占める米飯の位置づけが高く、後者にとっては低い。したがって、以下では前者を「米飯産業」と呼び、後者についてはいわゆる中食業者も含めて「外食産業」と呼び、両者をあわせて米飯ビジネスと捉える。

外食産業調査研究センター（外食総研と略）はいわゆる中食業者を「料理品小売業」に分類し、外食産業の市場規模には加えていない。しかし、経営戦略上の相乗効果を考慮すれば、複数の事業にまたがっている方が業者にとっては有利であるため、中食事業と外食事業の両方を展開している場合もある。また、②がテーク・アウト、デリバリー、ケータリングの形態で出食したり、コンビニエンス・ストアや量販店、あるいは③が店内に食事スペースをもうけるなど、販売競争では業態間の垣根が低くなっているし、消費者は②、③、④を並列的に捉えて選択しているので、業者単位で捉える場合には外食産業にいわゆる中食業者を加えた方が良い。また、後で引用する日経流通新聞でもいわゆる中食業者を外食産業に加えている。[12] それゆえ、本章では前の段落の最後に示した呼称を用い、ファミリーレストランや持ち帰り弁当などといった個々の事業・業態を指す場合にはそれぞれ「外食事業」、「中食事業」などという用語を用いる。

(2) 制度と米飯ビジネス

現在でこそ食糧法による流通規制緩和で、総合商社など多くの大手資本が米流通業務に参入しているが、以前は食管法に基づき、米流通の根幹である集荷業務、卸売業務には免許制度、定数制度があり、参入することは困難であった。ただし、米が一旦炊飯・加工され、「米飯」の形になれば事情は別である。米飯は食糧管理制度の枠外であり、米飯ビジネスには多くの大手資本が参入していた。ただし、後でも指摘するように、原料となる米の仕入方法にはさまざまな制限があり、この点からも米流通の規制緩和を大手資本は求めていた（第三章参照）。

他方、食管法下で米流通の根幹を担っていた既存業者（卸売、小売、集荷業者等）は規制緩和の中で資本としての性格を強めるが、いまだ米の事業に大きく依存する経営体質を持っており、[13] 前節で述べたような利潤獲得源泉たる米の市場規模の縮小は死活問題につながる。限られた「パイ」をめぐる競争が激化するなか、既存業者は事業の多角化を図ろうとしたが、既存の米流通事業との相乗効果を考えた場合、製品販売先の確保や原料仕入のノウハウなどの点で米飯の製造・販売事業が最も有効であった。

双方の事情から、食管法末期には、米流通の根幹からしめだされていた大手資本と米流通の根幹を担っていた既存業者との提携事例が米飯ビジネスの分野で多く見られた。大手資本が直接産地から米を仕入れることはできなかったので、卸売業者や大手小売業者との提携が意味を持っていたのである。[14] 外食総研が一九九三年に行った外食産業の米・米飯の仕入先の調査によれば、大規模業者で卸売業者からの仕入れが多く、「無洗米」や米飯形態での仕入れも見られるが、大半の業者は専門小売業者から精米を仕入れるという方法をとっていた。こうした仕入方法に外食産業が満足していたわけではなく、食糧管理制度の制約上、仕入れの選択肢が限られていたからである。(15)

以上の状況は食糧法により一変する。参入規制の緩和や取引方法・流通ルートの「自由化」は、後述する「中抜き」流通を可能にした。米以外の食材の取引先である総合商社や食材・食品卸売業者などが米流通に参入し、米と他の食材をあわせた仕入れの合理化を可能にした。さらに、外食産業自身が米流通に参入することで、より一層の合理化を見込むことができた。食糧法がもたらした変化は外食産業だけでなく、加工米飯など他の米飯ビジネスにとっても同様である。食糧法はコメ・ビジネスと米飯ビジネスをそれまでより密接に結びつける契機となったのである。

3　米飯ビジネスの動向

(1)　米飯産業の動向

炊飯事業

米飯産業は当初、炊飯事業が中心で、事業所や病院の給食、旅館・ホテルへの白飯供給等を行っていた。一九七六年に学校給食に米飯が本格導入され、また炊飯業者に対して食糧庁から補助金が出されるようになったことから、米卸売業者や農協系統組織が炊飯事業に参入しはじめた。(16)

二〇〇一年五月三〇日現在の㈳日本炊飯協会正会員名簿には、イクタツ、江口米穀、千葉県食糧、中部食糧、ミツハシ、東京城南食糧など米卸売業者、愛知県経済連、全農パールライス東日本千葉支店など農協系統組織の名前が見受けられ、その他も多くは既存の米流通業者の関連会社であり、前述したような米市場縮小という事態

表 6-1　加工米飯生産量の推移

		1991 年 生産量（トン）	1991 年 合計に占める割合（%）	2001 年 生産量（トン）	2001 年 合計に占める割合（%）	2001 年と 1991 年の生産量の比較（%）
種類別	レトルト米飯	22,693	17.3	22,834	8.8	100.6
	無菌包装米飯	5,237	4.0	58,246	22.5	1,112.2
	冷凍米飯	95,476	72.7	161,288	62.3	168.9
	チルド米飯	1,975	1.5	9,794	3.8	495.9
	缶詰米飯	2,147	1.6	1,973	0.8	91.9
	乾燥米飯	3,821	2.9	4,587	1.8	120.0
	合計	131,349	100.0	258,723	100.0	197.0
品目別	白飯	8,036	6.1	57,706	22.3	718.1
	赤飯	11,507	8.8	14,923	5.8	129.7
	混飯	84,973	64.7	132,289	51.1	155.7
	かゆ・雑炊	8,870	6.8	14,467	5.6	163.1
	すし・おにぎり	9,526	7.3	23,622	9.1	248.0
	その他	8,437	6.4	15,717	6.1	186.3

注：2001 年の数値については端数処理の関係で合計があわない．
資料：食糧庁「加工米飯の生産量」，2002 年 8 月．

に対応した事業の多角化という事情が見てとれる。

それ以外にも、大手食品メーカー系の明治ライスデリカ（現・明治ライスサービス）や総合商社系の赤坂天然ライス（三井物産と岡山県赤坂町、大阪の炊飯業者である芙蓉物産などが出資した第三セクター）、コメックス（伊藤忠商事が出資）などが㈳日本炊飯協会に加盟しており、大手資本も炊飯事業に参入している。

加工米飯事業

米飯産業にはこうした炊飯事業とともに、加工米飯事業がある。表6-1に示したとおり、加工米飯事業はここ一〇年で、一九九一年の一三万一三四九トンから二〇〇一年には二五万八七二三トンになり、二倍近い伸びを示している。また、これまで炊飯事業を行ってきた業者のいくつかが無菌包装米飯などの加工米飯事業に乗り出している。

加工米飯には、レトルト米飯、無菌包装米飯、冷凍米飯、チルド米飯、缶詰米飯、乾燥米飯などがあるが、最も生産量が多いのは冷凍米飯で、二〇〇一年では加工米飯全体の生産量のうち六二・三%を占めている。種類別に増加率を比較した場合、最も高いのは無菌包装米飯で一一倍以上であり、ほとんど増加しなかったレトルト米飯（増加率〇・六％）を抜き、冷凍米飯に次ぐものとなった。チルド米飯は一時期減少傾向が見られたが、再び増加傾向に転じ、五倍近くになっている。乾燥米飯も一時期減少傾向が見られたが、一九九一年と〇一年を比べると二〇％増加している。

品目別に見た場合、混飯が五一・一％を占め、最も多い。増加率で見た場合、いずれの品目も生産量が増加しているが、際立って伸びているのが白飯（五・七倍）であり、次いですし・おにぎり（二・五倍）が伸びている。冷凍米飯は解凍による食味の劣化を伴うことから、調味料や添加物などによって「ごまかしのきく」混飯等の調理済ないしは加工度が高い品目が多く、種類別・品目別の生産数量の状況がそれを示している。レトルト米飯の場合、白飯などの比較的水分の少ない品目よりもかゆ・雑炊のような水分の多い品目に適しているが、かゆ・雑炊が伸びているのに対して、レトルト米飯はほとんど伸びておらず、無菌包装米飯がそれに取って代わっている。白飯のような加工度が低いものは冷凍やレトルトによる長期保存には向かず、無菌包装米飯が主流であり、種類別・品目別双方の伸びがそれを表している。

加工米飯の用途については最近のデータが得られなかったが、以前のデータから、冷凍米飯は業務用中心から家庭用に移行し、チルド米飯やレトルト米飯はその逆であることがわかった。無菌包装米飯は家庭用の割合が大きく、冷凍米飯とともにその主力を担っている。(17)

両者の性格の違い

加工米飯事業と炊飯事業を比べた場合、同じ米飯産業であってもその性格は異なる。炊飯事業の場合、保存、鮮度保持といった点で限界があるため、販売できる範囲はせいぜい隣接県までであり、だいたいが工場の所在する市町村内に限られ、その地域内の外食産業などに販売するだけである。(18)

しかし、加工米飯は長期保存に耐えられるため、流通業者を媒介にして、全国に販売先を広げ、消費者に販売することができる。したがって、事業拡大のために加工米飯事業にのりだす炊飯業者もある。ただし、消費者に販売する販路を持つためには、一定の実績が必要であり、どの業者でもできるというわけではない。また、加工米飯製造に伴う技術の導入も不可欠であり、この点でもすべての業者に途が開けているわけではない。したがって、炊飯事業の場合、中小企業や既存の米流通業者（卸売・小売業者）が多く参入しているのに対し、加工米飯の場合は寡占度が高い。

例えば、加工米飯の主力である冷凍米飯の二〇〇〇年時点での市場シェアを見ると、ニチレイ二六・二%、味の素二五・〇%、雪印乳業一二・三%、日本水産一一・八%の上位四社で四分の三以上を占めている。上位四社に日本酸素、ニチロを加えた六社で七三%であった一九九二年と比べれば、より寡占的になっている。[19] 比較的新しい商品である無菌包装米飯の場合、佐藤食品工業、エスビー食品、加ト吉の三社でシェアの八〇%程度を占めている。[20] レトルト米飯で主力のおかゆでは味の素が五〇%のシェアでトップ、次いでキューピーが二〇%を占めている。[21]

また、米流通業者、農協系統組織や中小企業が加工米飯事業に参入している場合でも、大企業との提携が不可欠になっている。例えば、熊本県経済連はいくつかの大企業と共同で冷凍米飯を製造する会社（ユーユーフーズ）を設立している。[22]

このように加工米飯事業の拡大は、地域限定流通から全国広域流通へ、中小企業・米流通業者・農協系統組織中心から大企業中心へと米飯事業の性格を変化させた。言いかえるならば、炊飯事業は食糧管理制度に基づく米流通の延長あるいは付属物に過ぎなかったが、加工米飯事業は米飯を広域流通させ、米流通業者以外の大企業に担われることにより、「ビジネス」としての米飯産業を成立させたのである。

(2) 外食産業の動向

一口に外食産業といっても、年間売上高一千億円以上のフランチャイズチェーンを有する大企業から小規模な個人経営まで、その存在は多様である。日経流通新聞は飲食業の売上高ランキングを毎年掲載しているが、その推移を見れば大手外食産業の変遷がわかる。[23]

外食産業の変遷

一九七四年度のランキングでは日本食堂（鉄道構内弁当販売）がトップで、二位のニュートーキョー（ビアホール）の二倍の売上高を誇っている。以下、養老商事（居酒屋チェーン、現・養老乃瀧）、北国商事（ラーメンチェーン、現・ホッコク）と続くが、本書で扱っている米飯ビジネスとはやや異なる業態である。そのあとは五位の魚国総本社（レストラン、デリカ、病院・事業所給食など）、六位のレストラン西武という順に米飯ビジネスの企業が続くが、この時期の代表的外食産業としては日本食堂ということになろう。

その後、一九七五年度にはロイヤル、七六年度には日本マクドナルド、七七年度には小僧寿し本部が一〇位以内にランク入りする。七九年度になると、すかいらーく、ロッテリア、ダイエー外食事業グループ、八〇年度には日本ケンタッキーフライドチキンが一〇位以内に現れ、徐々にファミリーレストランやファーストフードなどの位置づけが高くなり、日本食堂はランクを落としていく。また、八二年度にはほっかほっか亭、八四年度には本家かまどやが一〇位以内に現れ、持ち帰り弁当が外食産業の中で確固たる位置を占めるようになる。

それ以降、一〇位以内にランク入りしたのもダスキン（ミスタードーナツ）、西洋フードシステムズ、デニーズジャパン、モスフードサービスなどファミリーレストランやファーストフードが主である。九一年度から上位一〇社はほとんど変わらず、九四年度からは日本マクドナルド、ほっかほっか亭総本部、すかいらーくが上位三社を占め続けている。

以上の経過が象徴しているのは、米飯ビジネスに限って言えば、比較的早い段階の大手外食産業は特定の顧客を相手にする日本食堂のような形態が主で、徐々に不特定の一般顧客を相手にする形態に移り変わってきたということである。現段階ではファミリーレストラン、ファーストフード、持ち帰り弁当が大手外食産業の主たる業態であると言えよう。現在上位一〇社に入るファーストフードは日本マクドナルド、日本ケンタッキーフライドチキン、ダスキン、モスフードサービスの四社で、いずれも米飯を中心に扱う企業ではないので、米飯ビジネスとしての外食産業はファミリーレストランと持ち帰り弁当が中心である。

外食産業の最近の動向

外食産業の業界全体の最近の特徴を指摘すれば、提供商品の低価格化があげられよう。景気の低迷に伴う外食需要不振、流通業界を中心とする「価格破壊」が進行する状況の中で、外食産業各社、とりわけすかいらーくをはじめとするファミリーレストラン・チェーンは低価格店舗（例えばガストなど）の展開を押し進めた。低価格で商品を供給するためには、当然のことながら、コスト削減が必要となってくる。そのために各社は、原料の海外調達を拡大したり、仕入れの合理化、調理の合理化（自動調理機械の導入など）を行うことで低コスト化を図っている。それとともに事業のリストラを進め、店舗の閉鎖と新規出店が同時に行われている。日経流通新聞の調査によれば、輸入食材の割合は「かなり増えた」企業が一二・三％、「やや増えた」企業が三三・六％で半数近くの企業が輸入を増やしている。他方、この間の食の安全性をめぐる問題から、単にコスト低下だけを食材に求めているわけではない。食の安全性への取り組みとして、「有機農産物、減農薬農作物などの採用」をあげる企業が四四・三％にのぼっている。[24]

ファミリーレストランなどにおける低価格路線の展開はコンビニエンス・ストアの弁当などに客を奪われ、業態間の垣根を低くする契機になっている。外食総研の推計によれば、二〇〇一年の外食市場規模は前年比一・五％減であるのに対し、持ち帰り弁当、惣菜などの「料理品小売業」は前年比二・五％増である。[25]そのため、外食事業を中心に行っていた各社は中食事業や事業所給食事業などに進出するとともに、地価下落という好条件を利用し、都心部での低価格店舗の展開、複合店化を進めている。逆に中食事業を中心に行っていた各社も外食事業や事業所給食事業への進出を図っている。また、食品メーカーなどから外食・中食事業への進出も見受けられる。他業態への事業展開のために多くの外食産業が他企業との提携を進めている。提携先は「食品メーカー」が最も多く、二六・三%、「商社」が一二・八%などとなっており、提携内容は「食材調達」一一・三%、「出店強化」一〇・五%、「商品開発」九・九%などとなっている。[26] このように外食、中食といった業態間の垣根が低くなり、食を提供する外食産業が一体となって競争を繰り広げているというのが業界の現状であろう。

外食産業の仕入動向と制度変化

外食産業の業界団体であるJFの調査では二〇〇〇年に主食として使用された米のうち外食での使用量が二七〇万トン、三三・六%の割合を占めていると推計しており、前述した食糧庁の推計とほぼ一致している。[27]

一般的に言えば、外食産業の商品構成は不況下での消費者の購買行動の変化から低価格路線を進める一方、有機米使用など高級化路線も進めているが、[28] 前述した競争条件下で外食産業が原料米に求めるニーズはより多様化している。良食味、低価格という点はともに必要とされるが、商品の種類によって、必要とされる品質、値頃感の水準は異なる。米飯を主とし、原料米の食味等が決定的な意味を持つ商品もあれば、加工を前提とするため、加工に適した特性が原料米に求められる商品もある。さらに、米飯が主体とならないため、原料米の低コスト化が重視される商品など、品質、値頃感の水準は様々である。こうした米そのものに対するニーズだけではなく、荷姿、配送頻度・数量など物流面でのニーズも様々である。多くの業者はかつての食管法下では流通業者がこうした多様なニーズに対応できていないと感じていた。

食管法下では、米流通ルートが特定、一元化されていたので、外食産業が米を仕入れる場合、様々な点で制約があった。政府管理米（政府米、自主流通米）に関して、仕入先は許可卸売業者・小売業者に限られていた。卸売業者から直接仕入れることができるようになった（大型外食事業者への直接販売制度）のも一九八三年度からで、数量は大幅に伸びたものの、この制度は卸売業者にとっても、外食産業にとっても様々な制約があるため、外食産業の需要量に占める割合はわずかであった。[29] 外食総研が一九九二年に行った外食産業の米・米飯の仕入先の調査によれば、大規模業者では卸売業者からの仕入れが多く、「無洗米」や米飯形態での仕入れも見られるものの、大半の業者は専門小売業者から精米を仕入れるという方法をとっていた。こうした単線型の仕入方法が外食産業に様々な不満をもたらしていた。同じく外食総研の調査で見ると、仕入れた米に対する不満の内容として、「品質規格の不統一」、「価格等の情報提供が不十分」、「米特性の情報提供が不十分」などが高い比率（三〇％以上）を示しており、他にも「米の鮮度が低い」、「品揃えが貧弱」という不満も多かった（一〇～二〇％）。[30]

食糧法では、「自由米」が計画外流通米として法認され、ほぼ自由に仕入れられることになった。また、計画流通米（政府米・自主流通米）に関しても、様々な点で流通が簡素化され、産地との結びつきを強化する「中抜き」流通が可能になった。つまり、流通ルートのどの段階の業者からでも米を仕入れることができるため、流通の合理化が可能となったのである。同時に、計画外流通米も含めてスポット買いの条件が整い、自らの事業戦略に合わせた価格帯・品質の米の仕入れが可能となった。また、集荷や卸売、小売などの流通業者が許可制から登録制になったことで、総合商社や食材・食品卸売業者など、外食産業がこれまでから取引していた大手企業が米流通に参入し、これら大手企業からの米の仕入れが可能となった。これら大手企業との取引では、米と他の食材、原材料などとを併せた仕入形態を採用することや産地及び仕入先の集約化などにより、合理化を図ることができるようになった。場合によっては、外食産業自身が米流通業者として登録することも可能となった。さらに、外国産米が恒常的に輸入されることも外食産業にとっては重要であった。[31] ＪＦでは一九九五年八月の段階で、輸入米に関して「①どんなコメが外食ニーズに合うか加盟各社の声をまとめる、②その結果を見た上で、輸入業者に外食業界が使いやすいコメを輸入するよう働き掛ける」としている。[32] 要するに、食糧法により、外食産業にとってこれまで十分に満たされなかった多様なニーズ（価格、品質、物流等の面で）を満たすことのできる多様な仕入方法が可能となったのである。

食管法時代は小売業者からの精米仕入れがメインであったのと異なり、JFが二〇〇二年三月に行った調査では、本部一括仕入れの場合平均で七一・四％、店舗仕入れの場合平均で六四・六％が卸売業者から仕入れている。[33]また、本部仕入れの場合、米の年間仕入額一〇～二〇億円の比較的小規模な業者と三〇〇億円以上の最大規模業者で経済連・農協（全農県本部を含む）からの仕入れが多くなっており（それぞれ一六・九％、一四・四％）、「中抜き」流通が実行されている。また、小規模業者では生産者からの仕入れ（二一・一％）も多くなっている。反対に、中規模業者では商社からの仕入れが多くなっている。

仕入れる米の種類としては、精米が大半であるが、二〇～五〇億円の業者では無洗米の割合が二六・二％、一〇〇～三〇〇億円の業者では二八・〇％に達する。また、二〇～五〇億円の業者では炊飯米の仕入れも九・六％あり、中規模以上の業者では無洗米や炊飯米の利用が広まっている。また、今後の米利用で関心が高いのは、無洗米で五一・九％、有機栽培米で四六・二％となっている。

外食産業の仕入れの影響

本項の最後に、以上のような仕入動向が米流通に及ぼす影響について示しておきたい。第一に、競争激化による低コスト化の追求は、米価の低下、あるいは低価格米への需要シフトをもたらし、産地序列を絶えず変化させる。第二章で指摘した「過当で歪な」産地間競争の契機となるのである。

第二に、大手外食産業は年間事業計画に基づき、米の仕入れにおける価格、数量、品質の安定化を求める。それに対応して、米流通業者は価格、品質ともに安定した米を恒常的に納入しなければならない。また、仕入れる米の価格や品質について、年間あるいは期間契約を結ぶ場合もある。その場合、米流通業者は出来秋の時点で、一定の品質、価格の米を大量に確保する必要に迫られ、それができない場合には米流通業者の方がコスト面での負担を背負うことになってしまう。また、こうした負担を避けるために米流通業者はブレンド方法の向上を図るとともに、ブレンド原料用品種の確保に乗り出す[34]。こういう事情が、出来秋には米の価格が相対的に高くなるが、それ以降は低迷するという状態の背景になっている（第二章参照）。

第三に、本部一括仕入れによる影響である。米流通業者の手を離れた米が、外食産業の本部から各店舗へと、都道府県境を越えて広域で流通することにより、米流通の姿をより複雑なものにする。例えば、千葉県産のコシヒカリが東京の卸売業者の手を経て、ある外食産業の東京にある本部に納入され、それが千葉県内の店舗に配送されるというような事態である[35]。こうした形態での米流通が進むことにより、米の都道府県別需給状況の本当の姿を把握することが困難になる。

第四に、右記の仕入方法が持つもうひとつの意味は、店舗が個別に仕入れず、本部等で一括して仕入れることにより、仕入先に対するバーゲニング・パワーが強くなることである。これが米価低下要因の一つになっているのである。

(3) 仲卸化する食材・食品卸売業者、大手小売業者

以上のような米飯産業、外食産業の動向により、それらの業者と取引する食材・食品卸売業者や大手小売業者が「仲卸」としての機能を発揮するようになった。

食材・食品卸売業者の場合、食糧法制定の時点では米卸売業者として登録することが予想されていたが、実際には小売業者としての登録で新規参入した。大手食材・食品卸売業者は量販店、一般小売店、外食産業などにすでに強固な販売チャネルを持っているとともに、全国的な物流システムが確立しているので、米流通全体に大き

な影響を及ぼした。前述したように、他の食材・食品と混載することで流通合理化、コスト削減を図ることができ、価格競争力も強くなる。食糧法施行にあわせ、業界第一位の国分は札幌、名古屋など一〇支社、数支店、及び約三〇の関連卸売会社を米小売業者として登録し、コンビニエンス・ストアなどへの供給を行っている。また、三菱商事系の菱食は支店、営業所など四五カ所、伊藤忠商事系の西野商事は一五カ所、松下鈴木（現在は同系列のメイカンと合併し、社名は伊藤忠食品）は一五～一六カ所を米小売業者として登録した。

食材・食品卸売業者が米卸売業者として登録するのではなく、小売業者として登録した理由は、①卸売業者として登録すると政府米の引き取り義務が生じる、②販売数量要件（四〇〇〇精米トン）が満たせない可能性がある、③精米工場などの設備投資コストが生じる、④食糧法では小売間売買が認められたため（食管法では卸間売買のみ許可）、卸売業者として登録しなくても小売業者としての登録だけで、小売間売買により事実上の卸売業務ができる、といった点である。[36]

したがって、米の仕入れに関して、制度上は登録出荷取扱業者である農協系統組織からも行えるが、食材・食品卸売業者自身は精米工場を持たず、精米委託先を見つけることが困難であるため、米卸売業者から行うか、産地精米で農協系統組織から行う必要があり、それらとの結びつきが重要となる。外食産業向け大手業務用食材卸売業者の高瀬物産は全国約六〇カ所の支店、営業所を小売業者として登録、農協系統組織と提携し、既存取引先である外食産業に他の食材と併せて米を供給している。[37]

以上のように食材・食品卸売業者は米小売業者として登録し、小売間売買という方式で、産地や米卸売業者と量販店、外食産業などを結ぶ仲卸として米流通に関わっている。食材・食品卸売業者の重要な販売先である外食産業は、前述したように、食糧法の施行に伴い仕入方法を変更し、米卸売業者を通さないいわゆる「中抜き」流通や仕入先の集約化、産地との提携・絞り込みなどを進め、流通合理化を図っているが、食材・食品卸売業者は他商品と併せて納入することでコスト削減の一端を担い、「中抜き」、集約化、産地との提携に一役かっている。例えば、すかいらーくグループ（すかいらーく、ジョナサン、藍屋、バーミヤン）は、これまで取引していた米卸売・小売業者に対し、米の取引額の〇・二％に相当する手数料を支払う代わりに、物流面から手を引いて欲しい、という条件を提示した。グループの食材仕入れを一手に請け負う系列企業のエス・ジー・エムを通じ、熊本県、栃木県（現・全農栃木県本部）の経済連と結び付き、取引面ではこれまで取引していた米卸売・小売業者を経由するが、物流面では産地と直接結ぶルートで仕入れ、中間物流経費を削減するという狙いである。また、事業所給食最大手のシダックスは米の品質を独自にランク付けし、各ランクの米を安定供給できることを流通業者の取引条件にすることで、取引先の卸売業者を集約化した[38]。なお、すかいらーくグループはジョナサンの一八〇以上の全店舗を米小売業者として登録し、店内で有機米販売を行っている[39]。

小売間売買という方式で仲卸化しているのは米の大手小売業者も同様である。食材・食品卸売業者の場合は消費者に直接販売するチャネルをほとんど持っていないが、大手小売業者の場合は量販店や外食産業への販売チャネルとともに、当然のことながら消費者に直接販売するチャネルも持っている。それだけではなく、第一章で述べたように多くの大手小売業者が米卸売業者として登録するとともに、自ら外食産業を展開し（複合店化）、米流通の「川下」を一体化することで大きな影響を及ぼしている。

このように外食産業や量販店と結び付くことで食材・食品卸売業者、大手小売業者は仲卸化し、既存の米卸売業者や産地も含めた米流通全体に大きな影響を及ぼしているのである。

(4) 総合商社の米飯ビジネス

コメ・ビジネスにおけるオルガナイザーであるのと同様、米飯ビジネスにおいても総合商社はさまざまな分野

に事業を展開している。(40)

三菱商事――外食事業ユニットを設置し、さまざまな外食産業の支援を行っている。すしチェーンの寿司田や海鮮丼チェーンのまぐろ市場、給食会社のソデッソジャパンや全食に資本参加し、ファミリーレストランのロイヤルからは食材物流を受託している。中食事業でも、ローソンの筆頭株主になるとともに、am／pmジャパンにも資本参加している。また、京都の米卸売業者である京山と合弁で「煌」を設立し、炊飯事業をおこなっており、将来的には全国展開を目指している。

伊藤忠商事――前項で紹介した系列の食材卸売業者である西野商事が外食産業に業務用食材を供給するとともに、さらにその子会社であるファミリーコーポレーションがファミリーマートの物流業務を担当している。また、本体としても、吉野家への資本参加、ハンバーガーチェーンであるフレッシュネスバーガーの定食チェーン（ごはん処おはち）の物流事業で業務提携している。中食事業では、グループ企業であるファミリーマートの米、米飯の提供を行うとともに、セブンイレブン・ジャパンに対しても弁当メーカーと組んで米飯を納入している。前述したように、炊飯事業に関しては他の総合商社にさきがけてコメックスを設立している。

丸紅――テンコーポレーションに五〇％以上出資し、天丼チェーンのてんやを首都圏で展開している。コンビニエンス・ストアに対しては、ローソンに出資するとともに、ミニストップに対しては山形などの農協と契約生産した減農薬米を納入、同様にam／pmジャパンにも山形の米を納入している。丸紅については本体もさることながら、後述するように子会社のライスワールドが積極的に米飯ビジネスを展開している。

三井物産――事業所給食第二位のエームサービスに資本参加しているとともに、定食チェーンの大戸屋に出資している。中食事業では、他の総合商社がコンビニエンス・ストアとの提携が中心であるのに対し、宅配事業に力を入れている。セブンイレブン・ジャパン、ニチイ学館、NECと共同出資でセブン・ミールサービスを設立し、介護家庭向けの食事宅配事業を展開している。また、高齢者向け弁当宅配事業を展開しているエックスヴィンに出資するとともに、同社に米を納入している。炊飯事業については前述した第三セクターの赤坂天然ライスに出資している。

その他――住友商事はとんかつチェーンである和幸の食材一括物流を受託している。ニチメンは牛丼チェーンのなか卯を二〇〇二年に子会社化するとともにサンクスの米飯用原料米を独占的に納入している。

以上の他にも、前項で紹介したように、総合商社各社は系列の食材・食品卸売業者を通じて米飯ビジネスに関与している。

4 米飯ビジネスと米流通

(1) 提携関係の進展

前述したように、食管法末期には大手資本と既存の米流通業者との提携関係が進展したが、食糧法施行後はそれに拍車がかかり、産地との提携関係も進んでいる。

原料供給と商品差別化　産地との提携の目的は、なんといっても原料供給への期待である。無菌包装米飯大手三社はいずれも米の主産地に主力工場を有している。佐藤食品工業はもともと米どころ新潟の切り餅メーカーであるので、主力の新潟県の東港工場で新潟コシヒカリを原料に無菌包装米飯を生産していたが、一九九九年には北海道岩見沢市にも工場を建設した。岩見沢の工場では地元のいわみざわ農協が供給するきらら三九七を原料として使用する。加卜吉は香川県に本社があるが、無菌包装米飯、冷凍米飯、無洗米の工場を新潟県魚沼に有している。エスビー食品の主力工場は宮城県中田町にある。ニチロのレトルト米飯工場は山形県大江町にあり、月山の伏流水と山形県産のはえぬき、コシヒカリを原料として使用している。[41]

産地との提携でいわゆる商品差別化を図っている事例もある。前述の佐藤食品工業は岩手県や全農岩手県本部などと提携し、トレーサビリティーに対応した減農薬ひとめぼれの無菌包装米飯を販売している。この商品については、ホームページ上で米の種子証明、生産者名、農薬の使用状況、工場での生産工程が確認でき、消費者からの信頼を高める狙いがある。[42]

特別な品種の米を使用する場合、生産者との契約生産が不可欠である。冷凍米飯を生産するユーユーフーズは、熊本県、熊本県経済連、大阪ガス、ライスワールド（丸紅系の米小売業者）が出資した第三セクターであるが、ここで生産する冷凍ピラフ用の原料は長粒種と短粒種を交配させた「ホシユタカ」という品種であり、生産者との契約生産である。産地というわけではないが、日本水産は食品総合研究所と共同で自然解凍する冷凍米飯を開発し、回転ずし店などに供給しているが、それに使用している原料米は東北農業試験場（現・東北農業研究センター）が開発した「スノーパール」という品種を用い、生産者と契約して栽培方法を指導している。[43]

技術提携　加工米飯製造技術面での提携も進んでいる。ニチレイはホクレン農業協同組合連合会に冷凍米飯製造技術を供与し、外食産業など業務用冷凍米飯の七割の生産を委託している。ニチレイが冷凍米飯事業に参入して以来一貫して北海道産米（きらら三九七、ほしのゆめ）を原料として使用していたことが契機になっている。[44]

逆に大企業が技術を吸収する場合もある。新潟の切り餅メーカーである樋口敬治商店は、佐藤食品工業と同様に以前から製造・販売していた切り餅の包装・保存技術を生かし、無菌包装米飯の開発に成功したが、大量生産・販売を実現するために、一九九〇年にエスビー食品との共同出資でエフ・アール・フーズを設立した。この会社で製造された無菌包装米飯はエスビー食品の流通網を使い、「S&B」のブランドで販売された。その後、

エスビー食品は九三年に宮城県中田町の自社工場を建設し、無菌包装米飯市場で確固たる地位を占めるようになった。(45)

販路確保・OEM供給

農協や生産者が米飯ビジネスに取り組む場合、販路の確保が重要である。前述したユーユーフーズの場合、出資比率一七％に過ぎない米小売業者のライスワールドが六割以上の販売を担い、東京ディズニーランドやすかいらーくグループへ納入している。石川県の松任農協が設立した松任農協食品加工は食品メーカー向けのＯＥＭ供給がメインである。第三章で紹介した山形県鶴岡市の農業生産法人ドリームズファームは自社ブランドでも販売するが、ＯＥＭでも供給している。供給先は日清製油の販売会社日清商事、東京の医療食宅配会社プリンセスなどで、大手量販店などでも販売されている。逆に、惣菜製造大手の朝日食品工業からはレトルトカレーのＯＥＭ供給を受け、無菌包装米飯とのセット商品として販売するとともに、同社の紹介でダイエーへの販路を確保した。(46)

前述した佐藤食品工業や樋口敬治商店などのように、新潟県内には市場評価が高い地元の米を原料に使用し、ＯＥＭ供給する加工米飯メーカーが多い。小千谷市のたかのは自社ブランドの無菌包装米飯をセブンイレブンに納入するとともに、全農にＯＥＭ供給している。自社ブランドと全農向け以外も含めたＯＥＭとの比率は三対七の割合である。他にも無菌包装米飯では、医療食を中心にした長岡市の越後製菓、中蒲原郡のたいまつ食品、レトルト米飯では新発田市の日東マリアンなどがある。(47)

資本提携

以上のような事業面での提携の多くは資本提携を伴う。これまでに紹介した赤坂天然ライス、ユーユーフーズ、エフ・アール・フーズなどは大企業と自治体や農協、地方メーカーとの資本提携である。また、コメックスは伊藤忠商事と大阪第一食糧（米卸売業者）、辰之巳（米小売業者）、わらべや日洋（弁当・惣菜業者）などが出資して設立した炊飯会社である。米小売事業とともに加工米飯事業を手がけるライスワールドには丸紅と加ト吉が出資し、そのライスワールドは、宮城県中新田町にあるラドファという無菌包装米飯業者に出資している。[48] ラドファは一九九三年に中新田町農協（現・加美よつば農協）が八割、ライスワールドが二割を出資して設立した。

加ト吉の場合、資本提携や買収といった形でコメ・ビジネス、米飯ビジネスの垂直的統合化を押し進めている。一九九一年に栄太郎、九四年に村さ来を買収するとともに、地方の外食産業と提携して和食レストラン「さすがや」を全国展開している。また、ライスワールドへの出資で米小売事業に進出するとともに、九五年には米卸売業者登録をおこない、九六年には本社所在地である香川県の香川米穀（米卸売業者、現・四国ライス）に資本参加し、卸売事業にも参入している。[49]

(2) 米飯ビジネスの影響

最後に、米飯ビジネスが米流通や需給関係に及ぼす影響をまとめておく。

米飯ビジネスと需給の把握

前にも指摘したが、外食産業では本部一括仕入れにより、米流通業者の手を離れた米が外食産業の本部から各店舗へと都道府県境を越えて広域で流通する。最近では店舗毎に米を炊く手間とコストを削減するため、専門の炊飯業者から米飯を仕入れ、そのまま供給する形態や加工米飯を利用する形態も増えている。また、加工米飯の場合は工場で生産された製品が全国に流通する。

食糧庁は米流通業者からの報告に基づいて、都道府県毎に米の需給状況を把握しており、主要な米供給者である全農も同様に都道府県間の米の移出入を把握しているが、その把握方法では外食産業が行う同一企業内での米の配送、炊飯工場から店舗への米飯の配送や工場で生産された加工米飯の流通状況はほとんど把握できない。したがって、食糧庁や全農が把握している都道府県毎の米消費量は、当該都道府県の実際の米の消費量を表さず、外食産業の本部、炊飯工場や加工米飯工場が立地する都道府県では実際の消費量よりも大きくなっている。

同様に、米飯形態で保管されることも米の需給関係に影響を及ぼす。食糧庁や全農などは米の在庫状況を把握しているが、米の形態で米流通業者に保管されている数量を把握するだけでは、米飯形態や米のままで外食産業、炊飯工場や加工米飯工場に貯蔵されている数量が抜け落ち、消費者への実際の供給余力がどの程度なのか判断がつかない。

日本では一九六九年以来一貫して米の生産調整を続けているが、一向に「米余り」は解消されない。実際には、八〇年以降国内生産量が需要量を上回った年は八カ年しかなく、本当の意味で過剰状態であったとは言い難い(50)。しかし、消費量が緩やかに減少する中で、多様な需要が存在する消費地での正確な需給状況を把握しないまま、産地に減反面積を配分していることが「米余り」現象を引き起こしている。このことは、米の過剰とは逆の状態をもたらすこともある。前に述べたように、九三年は戦後最悪の大凶作で作況指数が七四（水稲）、つまり平年の七四％しか米が収穫できなかったが、九三年後半から九四年の春まではその数字から予測される以上の米不足が生じた。少なくとも平年の七〇％以上の国産米はあるはずなのだが、店頭には緊急輸入された外国産米しかない状態になった。主食である米の在庫や需給の状況は必ずしも正確には把握されていないのである。

販売戦略の影響

米飯ビジネスは外食産業にしろ、米飯産業にしろ、景気が低迷する状況下で、例えば「牛丼二八〇円」といったような「価格破壊」的傾向を強めている。消費者にとって米の価格は家計費の一部であるが、米飯ビジネスにとっては「製造コスト」である。不況下でコスト削減が不可欠なことから、外食産業などは消費者以上により安い価格の米を求めている。競争激化による低コスト化の追求は、米価の低下、あるいは低価格米への需要シフトをもたらし、産地序列を絶えず変化させる。

一方で、「有機米使用」や「〇〇産コシヒカリ使用」といったような「高級感」を売りにする販売戦略も採用している。要するに、外食産業などの米の需要は多様化しており、産地・品種や時期ごとに需給のアンバランスが生じる要因になっている。以上のことは、第二章で指摘した「過当で歪な」産地間競争の契機となる。

提携関係がもたらすもの

米飯ビジネスにおける大企業と既存の米流通業者あるいは農協、生産者との提携関係を考えた場合、多くの点（販路、技術、資金）で大企業の方が有利な条件を有している場合が多い。食管法下では、米流通業者は卸売・小売免許を持ち、米の販売を合法的に許可されているという優位性を持っていたが、食糧法とともにそれはなくなった。いわゆる「米余り」現象の中で、農協や生産者も同様である。それゆえ、以前にも増して、既存の米流通業者が大企業の従属的な地位に置かれたり、大企業の経営戦略の影響を大きく受けるようになった。また、米流通業者を通じて、あるいは直接的に、農協や生産者に大企業の意向が及び、米の生産、流通の全体が大企業に支配されかねない。

米輸入自由化との関係

米飯ビジネスが求める「安い価格の米」は何も国産に限定されていない。すでに年間七〇万トン以上輸入されている外国産米が「価格破壊」用原料となりうる。実際の輸入米使用実態の全容については明らかにされていないが、食糧庁によれば、一九九五年度～二〇〇〇年度に輸入された三七一万トンのうち、主食用に三六万トンが供給されている。これがすべて外食産業で使用されたわけではないが、家庭用に供給される外国産米がマイナーな存在であることを考えた場合、多くが外食産業への供給であると推測される。また、加工用として供給された一三九万トンの多くは清酒、焼酎、米菓、米粉、味噌などの原料として用いられているが、一部は加工米飯の原料になっている。[51]

さらに、最近では「価格破壊」と「高級感」の両方を併せた販売戦略に外国産米を利用する事例が現れている。東京駅や東北新幹線などＪＲ東日本管内で日本レストランエンタープライズが販売している弁当にはカリフォルニア産の有機栽培あきたこまちが使用されているが、この弁当はカリフォルニアの同社出資の工場で同地の契約

農場から搬入された米を原料にして製造され、米や米飯より関税が低い肉や魚の「調整品」として日本に輸入されている。(52)

また、一九九九年四月に米輸入が「関税化」された際、主食用として最初にタイ米を輸入したのがロイヤルであったことは象徴的である。この時期、ロイヤルは「タイ料理フェア」を企画しており、タイ米を安定調達するためにSBSで調達する分とあわせて輸入した。もちろん、SBS分以外はこの時点での関税三五一円一七銭(一キログラム当たり)を支払い、国産米より仕入価格は高くなった。(53)

二〇〇三年の現段階でも、SBSを含むMAで輸入される分を除いては、一キログラム当たり三四一円という比較的高い関税がかけられており、大幅に輸入が増加する状況にはいたっていないが、WTOにおける交渉では関税を大幅に引き下げるとともにMAの数量を増やす合意原案が示されている。(54) それに対し、日本の国内から賛同することになりかねないのである。

注

(1) 生産調整に関する研究会「水田農業政策・米政策再構築の基本方向」二〇〇二年一一月、一ページ。
(2) 『図説 食料・農業・農村白書(平成一三年度版)』農林統計協会、二〇〇二年、六六ページの図Ⅰ-32。
(3) 『米麦データブック平成一四年版』瑞穂協会、二〇〇二年、四二六ページ。なお、実際の回答項目は「米・麦」と「パン・麺・その他」だが、麦をそのまま購入することはまれであると考え、「米」と「パン・麺」の比較として扱った。
(4) 同右、四二七ページ。
(5) 米購入時の判断基準については、食糧庁「食糧モニター調査結果」(各年次)による。自県産米購入割合については、『米穀市況速報』二〇〇二年一二月一九日付、九ページ。
(6) 前掲『米麦データブック平成一四年版』、四二四ページ。
(7) 生産調整に関する研究会流通部会「流通部会中間取りまとめ」、二〇〇二年六月、二ページ。

(8) 加工米飯は混飯にすることでさまざまな工夫ができる。例えば、ニチロが一九九九年秋から関西限定で販売を開始した「そばめし」は二〇〇〇年一月から販売量が急増し、生産が間に合わなくなり、出荷を一時停止せざるを得ないほどの売れ行きとなった(『日経産業新聞』二〇〇〇年二月二〇日付、一三面)。他にも米飯とレトルト・カレーの組み合わせ、お茶漬け海苔とのセットなど他の食材とあわせることで簡便化志向の消費を促す手法は一般的である。また、最近注目を集めている発芽玄米は、化粧品・健康食品メーカーのファンケルが七割以上のシェアを持っており、当初量販店等で米のまま販売することを目指していたが、一キログラム九五〇円という高価な価格設定が災いし、卸売業者等をつうじた通常の販売ルートからは撤退した。その後、通常の白米と混ぜ合わせた発芽玄米弁当や加工米飯として販売することで需要が拡大した(『日本食糧新聞』二〇〇一年一二月二日付、一面、二〇〇二年一一月一三日付、三面)。

(9) 生産調整に関する研究会流通部会、前掲、二ページ。

(10) 各業界団体の会員数についてはそれぞれのホームページを参照した。

(11) 食糧庁「加工米飯の生産量」、二〇〇二年八月。

(12) 『日経流通新聞』二〇〇二年四月二五日付、五面。

(13) 三島徳三『流通「自由化」と食管制度』農山漁村文化協会、一九八八年、一六九～一七二ページ。

(14) 食管法末期の大手資本と米流通業者の提携については、冬木勝仁「米市場再編と卸売業者」河相一成編著『米市場再編と食管制度』農林統計協会、一九九四年、九〇～九二ページ、冬木勝仁「『米飯ビジネス』と食糧管理制度」『農業経済研究報告』第二七号、一九九四年四月、三八ページ。

(15) 外食産業総合調査研究センター『外食産業のメニュー編成と米飯料理の売れ筋メニュー』、一九九三年、三八五、三八八ページ。

(16) シーエムシー編集部『米・加工米飯ビジネス』シーエムシー、一九九三年、五一ページには炊飯事業の沿革が紹介されている。

(17) 冬木、前掲「『米飯ビジネス』と食糧管理制度」、三二～三三ページ。

(18) シーエムシー編集部、前掲、五二ページには炊飯事業者の主な配送地域が掲載されているが、広いところでもせいぜい一都三県程度である。

(19) 冷凍米飯のシェアについては、日本能率協会総合研究所・マーケティング・データ・バンク『MDBマーケティング・シェア・レポート二〇〇〇 NO・1［食品］』、二〇〇〇年八月、九四ページ。

(20) 無菌包装米飯は一九九二年の段階では佐藤食品工業とエスビー食品でシェアの八〇%を占めていたが（シーエムシー編集部、前掲、三七ページ）、その後加ト吉が急成長し、その一角に食い込んだ。
(21) レトルトおかゆのシェアについては、『日本食糧新聞』二〇〇一年七月二五日付、一〇面。
(22) ユーユーフーズについては『食糧ジャーナル』一九九一年七月号、四〇〜四一ページ。
(23) ランキングの変遷については、『日経流通新聞』二〇〇〇年一二月二八日付、一一面。
(24) 同右、二〇〇二年四月三〇日付、一三面。
(25) 同右、二〇〇二年四月二五日付、五面。
(26) 同右、二〇〇二年五月二日付、一一面。
(27) 『米穀市況速報』二〇〇二年一一月二九日付、二ページ。
(28) 例えば、すかいらーくグループにおけるガスト（低価格店）、ジョナサン（有機農産物使用店）の事業展開など。
(29) 食管法末期の外食産業の仕入れについては、冬木、前掲「米市場再編と卸売業者」、六〇〜六六ページ。
(30) 外食産業総合調査研究センター、前掲、三八五、三八八、三九四〜三九七ページ。
(31) 食糧法による規制緩和については第一章を参照。
(32) 『日経流通新聞』一九九五年八月三日付、一五面。
(33) 『米穀市況速報』二〇〇二年一一月二九日付、九ページ。原資料は、日本フードサービス協会「外食産業食材仕入実態調査報告書」。
(34) 外食産業が価格と品質を指定し、原料構成は米流通業者にまかせ、リスクを負担させるという方法は第一章で指摘した量販店と同じである。
(35) 冬木、前掲「米市場再編と卸売業者」、六四〜六五ページ。
(36) 『日経流通新聞』一九九六年四月四日付、一一面。
(37) 『日本経済新聞』一九九六年六月五日付、一五面。
(38) 同右、一九九五年九月二一日付、一三面。なお、すかいらーくグループは米以外の食材については、共同仕入体制を見直すことにしたが、米は継続している（同前、一九九七年八月二六日付、一一面）。
(39) 『日経流通新聞』一九九六年六月四日付、二七面。
(40) 総合商社の事業展開については、『米穀市況速報』二〇〇三年一月一日付、六〜八ページを参照した。

(41) 『日本食糧新聞』一九九八年九月二一日付、一三面、二〇〇一年一月一日付、六三面、二〇〇一年七月二五日付、一〇面。
(42) 『日経流通新聞』二〇〇二年一一月五日付、一九面。
(43) 『日本経済新聞』二〇〇一年一月三一日付、一二面。
(44) 同右。
(45) 『日経産業新聞』一九九五年三月二三日付、一七面。
(46) ユーユーフーズについては『日刊工業新聞』一九九九年六月八日付、二五面、松任農協食品加工については『日本経済新聞』二〇〇一年一月三一日付、一二面、ドリームズファームについては『日経産業新聞』一九九七年七月一〇日付、一五面、『日本食糧新聞』一九九九年七月一四日付、二面。
(47) 『日経流通新聞』一九九七年七月二九日付、八面、『日本食糧新聞』一九九八年七月六日付、一〇面。
(48) コメックスについては『食糧ジャーナル』一九九一年三月号、六六〜六七ページ。
(49) 加ト吉の事業展開については、『日本経済新聞』一九九五年八月二四日付、一五面、一九九七年四月一日付、一三面、『日経産業新聞』一九九六年八月一四日付、九面。
(50) 農林水産省『食料需給表』における年度ごとの米の国内生産量と国内消費仕向量との比較。
(51) 生産調整に関する研究会「ミニマム・アクセス米の影響評価—研究会としての評価（案）—」、二〇〇二年四月。
(52) 『日本農業新聞』二〇〇一年六月二七日付、一面、『日本食糧新聞』二〇〇一年七月二日付、二面。
(53) 『日経流通新聞』一九九九年五月一一日付、一一面。
(54) 『日本経済新聞』二〇〇三年二月一三日付、五面。

第七章　グローバリゼーションと米流通の再編方向

1　米流通における商品と資本のグローバル化

(1)　世界における米の位置

第六章の冒頭で「米は日本人にとって主食である」と述べたが、摂取するカロリーに占める割合を見れば、インドネシア五二%、タイ四四%、韓国三三%、インド三二%、マレーシア三一%で、日本を上回る[1]。日本とは多少意味あいがことなるが、東・東南アジア諸国にとっても「主食」なのである。世界全体で見れば、米は小麦やとうもろこしと並んで最も主要な農産物の一つであり、国連食糧農業機関（FAO）の統計によれば、二〇〇〇年の生産量はそれぞれ五億九四三八万トン、五億八三九三万トン、五億九三五四万トンである[2]。

ただし、貿易という点で考えると、米は他の二つとはやや異なる。小麦やとうもろこしは一九九九年の生産量に占める輸出量の割合（貿易率）がそれぞれ一八・一%、一一・五%であるのに対し、米は六・三%である。ほぼ半分が輸出向けに生産される自動車など工業製品とは異なり、腐敗・劣化しやすい、重量・体積の割に価格が低いなどといった商品特性から、もともと農産物は国内自給的性格が強いが、その中でも米は顕著である。したがって、「主食」としている国はいずれも基本的には自給を目指していた。いわゆる「緑の革命」で、東南アジア諸国はIRRIが開発した多収性品種を導入し、生産量の増加に努めたし、韓国の取り組みは第四章で紹介したとおりである。

ところが、近年の米の貿易率は一九八五年三・八%、九〇年三・七%、九五年六・三%、九九年六・六%であり、九〇年代になって上昇した。米を「主食」とするアジアの輸入、とりわけ二億人以上の人口をかかえるインドネシアの輸入が大幅に増加したからである。アジア全体の輸入量は八五年五四七万トン、九〇年四八三万トンであったが、九五年には一二一〇万トン、九九年には一四四八万トンに拡大している。インドネシアの輸入量は八五年三・四万トン、九〇年五万トンであり、八〇年代後半には半ば自給を達成していたが、九五年には三一六万トン、九九年には四七五万トンになり、世界最大の米輸入国になった。また、本来は自給できる日本や韓国がMA分の米輸入を行うようになったことも影響が大きく、九九年の時点で日本はインドネシア、フィリピンに次ぐアジア第三位(金額では第二位)の輸入国である。逆にベトナムは八五年には三四万トンを輸入、六万トンを輸出していたが、八六年に本格的に開始されたドイモイ(刷新)政策の進展とともに生産が大幅に拡大し、九九年では世界第二位の輸出国である。

一九九九年の時点で、世界最大の米輸出国はタイであり、六八四万トンを輸出し、世界市場の二七・五%を占める。次いで、ベトナム一八・五%、中国一一・三%、アメリカ一〇・七%、インド一〇・三%、パキスタン七・二%であり、以上の国だけが一〇〇万トン以上輸出している。この上位六カ国で八五・六%のシェアを占めているが、アメリカ以外は米を「主食」とするアジアの国である。各国ごとの九九年の貿易率を見れば、タイ四三・五%、ベトナム二二・五%、中国二・二%、アメリカ四三・九%、インド二・九%、パキスタン三五・六%であるが、九〇年ではそれぞれ三五・九%、一三・〇%、〇・三%、五三・八%、〇・七%、一三・四%であり、アメリカを除いて九〇年代に上昇していることがわかる。

各国ごとに事情は異なるが、世界全体として言えることは、国内自給的性格の強かった米についても商品レベルのグローバル化が進展し、その中でアジアの米輸出国が台頭してきたということである。もともと貿易率が高かったタイやパキスタンでも「主食」である米の国内需要向け生産の延長としての輸出であり、輸出の増減は国民が必要とする食糧の過不足に直接影響を及ぼす。ベトナムも同じ事情であり、一九九〇年代半ばまでは輸出割当、輸出税、輸出業者規制などにより輸出を制限し、国内の需給管理を行っていた(3)。

米という商品のグローバル化の背景には政策のグローバル化がある。日本や韓国の米輸入などに見られるように、一九九五年に発足したWTO体制が最も大きな影響を及ぼしているが、他にも世界銀行・国際通貨基金（IMF）主導で八〇年代から進められたいわゆる「構造調整政策」の影響も大きい。米輸入量が急激に増加したインドネシアでは、IMFの勧告に従って、それまで米の輸出入及び国内流通を管理していた食糧調達庁の役割が見直され、大幅に自由化された(4)。反対に八〇年代後半に米の純輸入国から純輸出国になり、その後急激に輸出を増加させたベトナムは九〇年代半ば以降、規制緩和、輸出促進の方向に踏み出し、外国からの直接投資への対応も柔軟になってきた(5)。

政策のグローバル化とともに資本のグローバル化の影響も大きい。以下では一九九〇年代に最も顕著に米輸出が増加したベトナムをとりあげ、外国資本と米輸出との関わりについて検討する。

(2) ベトナムの米輸出と外国資本

近年の米輸出の方向

これまでのベトナムの農産物輸出は米に限らず、安価な労働力に基礎を置く低品質、低価格農産物の輸出が中心であった。米については、低品質米市場においてタイ米に対して価格競争力を有することで輸出を拡大してきたというのが実情であろう。

しかし、近年は"high quality"農産物の輸出を政策的に打ち出している。この場合の"high quality"というのは同一の商品における品質向上(例えば、品種や精米技術の向上による低級米から高級米への格上げなど)に加え、加工を施したり、特徴を持ったいわゆる「差別化」による高付加価値商品を輸出することも含んでおり、その一環として、米についても香り米などの高付加価値米の輸出を視野に置いている。比較的高価格で販売される短粒種米の生産・輸出についても同様の位置づけである。

この輸出戦略の背景は、東南アジアの通貨危機により、輸出で競合するタイ・バーツなどが急落する一方、為替管理下にあるベトナム・ドンが相対的に高値を維持したため、ベトナムの価格競争力が低下したことである。一九九七年後半以降に低品質米市場ではタイ米とベトナム米の価格の逆転現象も生じており、これまでのような価格面での優位性だけでは輸出拡大につながらなくなった。

それゆえ、直接の関係者の思惑はともかく、短粒種米の生産は、必ずしも日本という特定の市場をターゲットにしたものではなく、価格競争力が低下した中での高付加価値農産物輸出という方向の一環として考えうる。もちろん、直接的に生産・輸出に携わっている関係者は、巨大な市場である日本を常に意識しているが、それが唯一ではない。将来的な世界貿易体制の変化の中で、さらに巨大な市場と化すであろう中国南部や他のアジア地域も含めた全般的な(ただし極めてあいまいな)輸出戦略の一環として考える必要があろう。

以上のような方向を進めるためには、世界市場におけるノウハウ、需要動向、資金を有する外国資本をパートナーとして迎え入れる必要がある。

外国資本一〇〇%の企業にも輸出割当が与えられるようになったとしても、生産者との関係については制限があり、外国資本としてもベトナム国内企業とりわけ公社との結び付きは不可欠である。そこで以下では、外国資本の具体的な動向について述べる。

日本における一九九三年の米の大凶作・米不足とそれに伴う緊急輸入は世界の米市場にも影響を及ぼし、ある意味では米貿易を活気づかせる要因にもなった。もちろん、その後のWTO体制の発足に伴い、日本や韓国などの米輸入が拡大するという予測もあった。

米輸出における外国資本の動向

ベトナムにおける米輸出への外国資本の本格的進出もこの時期(一九九四年)に相次いで行われた[6]。ベトナムにおける輸出米の生産及び精米を目的とし、最初に進出した外国資本は香港のゴールデン・リソーシズ・デベロップメント・インターナショナルである。同社は一九九四年にメコンデルタの四省(ロンアン、ティエンザン、ドンタップ、アンザン)と合弁企業の設立で合意し、三万ヘクタール規模の米生産、年間九万トンの能力の精米工場を建設した。

また、ほぼ同時期にフランス資本のオルコ・インターナショナル(本社はシンガポール)がホーチミン市郊外のミトに合弁で、年間処理能力三万トンのコメのパーボイルド加工用プラント(脱穀前に米を蒸してビタミンなどの保存状態を良好にする)を建設した。

アメリカ資本もこの時期に進出している。アメリカン・ライス(本社はヒューストン)はベトナム国営企業と契約し(年間三〇万トン)、ベトナム産米をアメリカに輸出し始めた。アメリカ国内で販売するとともに、加工後に中南米、中近東へも販売した。ただし、この企業は一九九九年に閉鎖されており、同業他社によると、直接的には国際価格と国内価格の変動幅を見誤ったためだが、より根本的には施設面で他社に劣り、集荷拠点が一カ所しかなく、国内価格の変動に対応した柔軟な集荷方法が採れなかったためだ、ということである。

以上の事例は、対象が長粒種に限られ、輸出先も日本を念頭に置いているわけではない。日本との関わりが大きくなるのは、言うまでもなく、WTO体制が発足し、日本が米のMA輸入を開始する一九九五年に入ってからである。そこで次に日本企業とベトナム米輸出との関わりについて検討する。

日本企業によるベトナム産短粒種米の輸出

日本企業とベトナム産米との関わりでとりわけ重要なのは、日本国内では主として加工用等として用いられる長粒種ではなく、短粒種米の輸出に関してである。(7)

一九九六年九月に、浦和市に本社のある農産物商エバートンのベトナム現地法人は、ハノイ近郊で契約生産したコシヒカリ玄米一〇二トンを木徳(現・木徳神糧)を通じて日本に輸出した。七月に行われたSBSで木徳が落札したものであり、日本にとっては初めてのベトナム産短粒種米の輸入となった。

また、三井物産は前述した香港のゴールデン・リソーシズ・デベロップメント・インターナショナルや現地企業などと合弁でベトナム・リソーシズ・ライス・プロセシング・インダストリーを設立し、長粒種の香り米を中心にフル稼働で年間九万トンの精米工場を運営しており、今のところほぼ全量を東南アジア向けに輸出しているが、将来的には日本への輸出も念頭に置いている。

短粒種米の生産に関して比較的早くベトナムに進出した企業は木徳である。(8) 木徳は一九九一年にアンジメックス(アンザン省輸出入公社)との合弁でアンジメックス・キトクを設立し、コシヒカリ、はなの舞、ひとめぼれ、はえぬき等の日本の品種の試験栽培を開始した。九六年には輸出の認可(五〇〇〇トン)を受け、認可の条件であった生産者との契約生産、精米工場の建設に着手した。九七年には初めて玄米三七トン(日本の品種)をSBSで日本に輸出、五〇〇〇トンを一般枠のMAで輸出した。九八年に輸出割当は二万五〇〇〇トンに拡大し、玄米三〇〇トン(日本の品種)をSBSで日本に輸出した。九九年一月には精米工場(年間二万五〇〇〇トンの処理能力)の建設が完了し、本格稼働に入っている。

アンジメックス側代表者へのインタビューによれば、合弁の契機は一九八九年にアンジメックスが輸出割当を取得した際、木徳側としては米輸出の足掛かりを、アンジメックス側としては木徳の販売ルートを目的とし、合意したとのことである。同じくインタビューによれば、アンジメックス側としては、①木徳が有する経験の蓄積、ノウハウにより、米の品質を向上させること、②木徳の協力により、顧客、とりわけ高品質米の販売先（シンガポール、カナダ、ヨーロッパなど）を拡大すること、③近代的な精米工場を建設するために必要な資金を確保すること、を期待していた。

木徳側のインタビューによれば、現在契約生産している主力品種は試験栽培の結果、最も適していたはなの舞であるが、単収についてはひとめぼれも同水準（五・五～六トン）であったことから、今後伸ばそうとしている。生産者との契約内容は、栽培面積、種籾の量、種籾の価格、買入価格（工場持ち込み）、品質（水分、破砕米比率など）である。最初に施肥や防除の方法なども含めて技術指導を行うが、肥料、農薬代等は生産者の負担である。短粒種米の総契約面積は一九九九年度で二〇〇ヘクタール、二〇〇〇年度で四〇〇ヘクタール、〇一年度で六〇〇ヘクタールである。最近では生産者個人との契約に比べ、生産者グループ（従来の合作社＝農協とは異なり、自発的に組織された農民組合など）との契約が増えている。はなの舞の買入価格が一キログラム当たり三二〇〇ドン（籾）で政府の最低保証価格一五〇〇ドン（精米）と比べて破格の高値であるため、契約生産者の拡大については楽観的である。また、契約の拡大については政府の認可が必要であるが、現在では申請すればほとんど認可されるということであった。

以上のような日本企業による外国での合弁会社設立、米の契約生産の事例はＷＴＯ体制発足前後からベトナム以外の国でもいくつか行われている。次節では日本の米輸入に関わる企業の動向について検討する。

2　日本の米輸入と企業

(1) 米輸入業者の性格

一九九五年一月のWTO体制の発足に伴い、日本はMAを受け入れ、米が恒常的に輸入されることになった。発足当初は他の農産物と異なり、米の国境措置については「関税化」を回避し、国が一元的に輸出入を行う国家貿易制度が維持された。そのため、輸入の方式は資格審査を受けた「登録商社」から食糧庁が外国産米を買い入れ、国内流通を担当する卸売業者に公定価格で売り渡すというものであったが、輸入の一部については「登録商社」と卸売業者があらかじめ契約しておき、連名で食糧庁に申し込む方式（SBS）が採用された。九九年四月からは米の国境措置も「関税化」され、相対的に高く設定された二次税率で関税を支払えば、MA分を超えた輸入も可能になったが、MA分についてはそれまでどおり「登録商社」しか扱えない。

第一章でも述べたとおり、「登録商社」は長年にわたり新規参入が認められず、業者数はほとんど変化がなかったが、食糧法施行後は既存の商社に加え様々な業者が新たに認可され、米の輸入業務に参入した。二〇〇二年度の業者数は四四社（うち二二社はSBS取引のみ）である。これらの業者の性格について見ておこう(9)。

言うまでもなく、多数を占めるのは総合商社である。伊藤忠商事、兼松、住友商事、トーメン、ニチメン、日商岩井、丸紅、三井物産、三菱商事、野村貿易、豊田通商など名のしれた総合商社とともに、特定の分野に強い商社もある。食品関係では、東食、東邦物産、キリンの関連会社であるキリンインターナショナルトレーディング、果汁輸入で実績を持つ日進通商、主に中国からの農産物輸入を手がける太洋物産、同じく中国に太いパイプを持つ東京貿易、福岡県の水産飼料会社で中国や韓国からの農産物輸入を手がける太平洋貿易などがある。

日本国内で米関連事業を行っている企業も「登録商社」になっている。米卸売業者最大手の木徳神糧、同じく大手米卸売業者のミツハシ、ヤマタネ、酒・食品の卸売業者で酒米を中心とする米の加工・販売を手がける飯田商事、米粉製造がメインの群馬製粉、米の小売業者でもある食品輸入・卸売会社の西本貿易、同じく小売業者である濱田産業などがある。また、大倉アグリは一九九八年九月に経営破綻した中堅商社である大倉商事の社員が設立した米の卸売・小売業者であり、飼料・農産物全般の輸入・卸売業務をおこない、木徳神糧と神明が株主になっている。また、サンライスは九四年七月にミツハシとオーストラリアン・ライス生産者組合が合弁で設立した会社である。

米以外の他の食品・農産物の関連会社もある。ティーエムシーは国内最大手の食肉卸売業者ハンナンが設立した輸入子会社、東海澱粉は静岡県に本社がある食材卸売業者、日洋はセブンイレブン・ジャパンの弁当・惣菜を製造するわらべや日洋の関連会社、明治屋は食品の卸売・小売業者、ホクガンは沖縄県の水産加工品業者で中国からは冷凍野菜も輸入している。

食品・農産物以外がどちらかといえばメインの商社も米の輸入業務に携わっている。ＬＰＧなどエネルギー事業が中心の岩谷産業、三菱系で金属が中心の金商、川崎製鉄の関連会社の川鉄商事、住友金属の関連会社である住金物産、繊維・化学製品の蝶理、三菱グループで化学製品、木材などを取り扱う明和産業などである。東工コーセンもゴムを中心とする工業資材の扱いがメインである。また、総合商社として社名をあげた豊田通商はトヨタの関連会社であるが、二〇〇〇年四月に中堅商社の加商を吸収合併するとともに、トーメンの再建支援のため業務提携をおこない、〇五年をめどに吸収合併する予定である。

他には、大丸グループの輸入業務・共同仕入を担当している大丸興業、「日本国内の生産者を守るために」米の輸入業務に参入した全農出資の協同会社である組合貿易などとともに、世界最大の穀物商社であるカーギルの

表 7-1　MA 米の輸入数量の国別割合

（単位：%）

	年　度	1995	1996	1997	1998	1999	2000	2001	2002
一般枠	アメリカ	47.2	45.3	48.7	51.8	51.8	49.6	51.6	48.0
	オーストラリア	21.4	18.0	16.8	17.0	16.9	16.4	15.9	13.2
	中　国	7.5	7.9	6.1	2.0	2.6	6.1	9.7	12.1
	タ　イ	23.9	28.8	27.4	25.4	25.9	25.1	22.2	21.5
	その他	0.0	0.0	1.0	3.9	2.8	2.8	0.9	5.6
	計	100.0	100.0	100.0	100.0	100.0	100.0	100.0	100.0
SBS枠	アメリカ	54.5	63.6	63.6	30.0	30.8	38.3	25.0	40.0
	オーストラリア	18.2	4.5	5.5	12.5	12.5	11.7	9.0	8.0
	中　国	18.2	22.7	25.5	51.7	52.5	44.2	66.0	48.0
	タ　イ	0.0	0.0	1.8	4.2	3.3	4.2	0.0	2.0
	その他	0.0	4.5	5.5	1.7	1.7	0.8	0.0	0.0
	計	100.0	100.0	100.0	100.0	100.0	100.0	100.0	100.0

資料：食糧庁「MA 一般輸入米入札結果の概要」,「輸入米に係る特別売買（SBS）の結果の概要」各年度各回.

注：端数処理の関係で合計があわない場合がある.

日本法人カーギルジャパンや同じく穀物商社のアンドレイ・ファーイーストなど外資系の企業も日本の米輸入に関わっている[10]。

以上のように米輸入業者の性格は、①総合商社などこれまで米以外の穀物輸入で実績がある業者、②これまでコメ・ビジネスに関わってきた業者、③食品輸入、とりわけ中国からの輸入で実績がある業者、④日本の米輸入を契機に参入した外国企業、としてまとめることができる。

(2)　米輸入の実態と企業の動向

第六章でも述べたように、一九九五年度～二〇〇〇年度に輸入された米は三七一万トンであるが、そのうち一三九万トンが加工用に、一二一万トンが援助用に回され、在庫として政府倉庫に保管されている量が七五万トンであるため、国産米の需給状況に及ぼした影響については議論があるが、少なくともＳＢＳで輸入されたものに関しては確実に国内で流通している。表7-1はＭＡで輸入された米の国別割合を示したものである。当初は一般枠についても、ＳＢＳ枠についてもアメリカの割合が圧倒的に多いが、九八年度からはSBS枠については中国がアメリカを上回っている。この背景には輸入商社の戦略の変更がある。この点について述べておこう。

アメリカでの契約生産

米輸入開始の時点で、短粒種や中粒種を国内の日系人などアジア系の人々向けに生産し、輸出の実績も豊富なアメリカで大手総合商社は契約生産を行った。例えば、三井物産はカリフォルニア州サクラメントのウィリアムズ・ライス・ミリング・カンパニーと契約し、一万トンの生産量のうちほぼ半数を買い入れ、ブラジル、シンガポール、香港などに輸出していた。この会社は福島県郡山市出身の日本人が設立したもので、日本から持ち込んだ品種を改良して生産し、「田牧米」のブランドで名が知られていた。ニチメンも同じくサクラメントの十数名の大規模生産者からなるカリフォルニア・アキタ・グロワーズ・アソシエーションと契約し、あきたこまち、コシヒカリを中心に生産量の二〇~三〇%を買い入れ、一九九四年からアメリカ国内で販売していた。伊藤忠商事はアーカンソー州で有機コシヒカリの契約生産をおこない、九七年三月からグループ企業であるファミリーマートで「お米大使」のブランドで販売していた。兼松も米卸売業者の中央食糧や丸三米穀と共同でサクラメントの生産者五名とあきたこまちの契約生産をおこなっていた(11)。

総合商社以外にもヤマタネは有機米としての認証を受けたあきたこまちの契約生産を一九九九年からカリフォルニア州でおこなっているし、キリンインターナショナルトレーディングも九九年からアーカンソー州で有機米の契約生産をおこなっている(12)。

中国へのシフト

以上のようなアメリカでの契約生産と並行して、総合商社は直接投資も含めた、中国でのコメ・ビジネスを展開していた。三井物産は精米機メーカーの佐竹製作所、現地企業と合弁で吉林省に年間四万トン規模の精米工場を建設し、主に中国国内向けに販売していたが、一九九九年にはあきたこまちを日本へ輸出した。伊藤忠商事は米卸売業者の大阪第一食糧、山形県天童市の農機具メーカー山本製作所、現地企業と合弁で九六年から精米工場を稼働させ、主に中国国内向けに販売している。トーメンも河北省に精米工場を設立していたが、九九年から規模を年間八〇〇〇トンから二万四〇〇〇トンに拡大した(13)。

こうした日本の総合商社の中国でのコメ・ビジネスの展開に警戒を強めたUSAライス連合会やオーストラリアン・ライス生産者組合は、「関税化」直前の一九九九年三月にそれぞれ日本の商社や外食産業向けに企画を催し、積極的に売り込みを図ったが、日本の総合商社は中国でのコメ・ビジネスをベースにして、四月からの「関税化」を契機に中国に輸入元を代える戦略をとった。アメリカでの事業については、伊藤忠商事は一〇〇〇トンの有機米の契約を二〇〇〇年からは三分の一に縮小し、トーメンも二〇〇〇トンの契約から五〇〇トンに切り換えた。同じく住友商事も三〇〇〇トンから数百トン規模に、三菱商事も五万トンから二万トンに縮小している(14)。

中国にシフトする背景は、相対的に低価格であることもさることながら、直接投資することにより、より綿密な技術指導をおこなうことができ、品質面でも向上したからである。アメリカでは自前の工場を持たず、技術指導もこれまでに実績のある日系人に頼っているが、中国では自社主導で本格的に開発輸入ができるということである。資本のグローバル化の一側面である。

地理的優位性

前述したベトナムの木徳神糧の事例のように、アメリカや中国以外でも日本企業は直接投資や契約生産をおこなっている。前に「登録商社」として社名をあげたサンライスはミツハシとオーストラリアン・ライス生産者組合の合弁企業であるが、この組合はオーストラリアの米生産者一八〇〇名余りのすべてが加入し、年間生産量一一〇万トンのうち九割が輸出向けである。広島県に本社がある常石造船は関連会社をつうじてウルグアイで短粒種米の生産をおこなっている。この会社はもともとウルグアイで牧畜業を営んでおり、主に岡山県で生産されている「朝日」という品種を改良した「みろく」という品種を一九九〇年からウルグアイで試験栽培し始めた。九五年からは本格生産に入り、四三〇〇トンを生産し、ブラジルなど中南米の日系人向けに販売している。この「みろく」を住金物産がＳＢＳで日本に輸入した[15]。

オーストラリアやウルグアイなど南半球のメリットは二月～五月に収穫することで、日本の端境期に新米を販売できることである。南半球とは異なるが、ベトナムなど熱帯地方でも灌漑・排水施設が整備されてさえいれば、ほぼ一年中生産することができ、同様のメリットがある。東南アジアではこれまでに日本などが灌漑・排水施設整備のために政府開発援助（ＯＤＡ）をおこなっており、日本に米を輸出する潜在的可能性を持っている。端境期における米輸入は、これまで他産地の米が出回る前に収穫し、出荷することでメリットを享受してきた南九州など早期米産地の潜在的脅威となる。

輸入米と米飯ビジネス

輸入米と米飯ビジネスとの関わりについては第六章の最後でもふれたが、もう少し事例をあげておこう。一九九四年一〇月からローソンは冷凍の「あげおにぎり」を売り出したが、これはタイ米一〇〇％を原料にニチレイが製造したものである。第六章で紹介したロイヤルの例のように、外国料理には外国産米があうという認識から、西洋フードシステムズではタイでチキンピラフ、オーストラリアでドリア、中国で炊き込みご飯といった米料理を現地で調理・加工し、日本に輸入して出食した。加工度が高いこれらの「米料理」は肉や魚などの重量割合が二〇％～三〇％の範囲内であれば、「米」や「米飯」ではなく、肉や魚などの「調整品」として輸入されるので、関税率が低いのは第六章で紹介した日本レストランエンタープライズの事例と同じである[16]。

直接に輸入していなくても、外食産業には潜在的に輸入米使用に対する期待がある。アメリカやアジアでも店舗を展開している吉野家はそれらの店舗をつうじて海外の米産地の情報を収集し、将来的な可能性を検討している。その吉野家の副社長が座長をつとめるＪＦの「コメ検討部会」では輸入米の研究をおこなっている。また、米飯ビジネスではないが、アジア各地に店舗を展開しているイオンもＰＢ米の開発輸入を検討している[17]。

吉野家やイオンだけでなく、アジア各地で事業をおこなっている企業、とりわけ総合商社にとって、店舗や支店は海外の米産地の情報収集拠点であるとともに、契約生産した米が日本向けに販売できない場合の販売拠点となる。総合商社の多くはWTO体制発足や食糧法施行以前から海外ではコメ・ビジネスの実績があり、日本向け米輸出も手がけやすかった。一九九四年の米不足に伴う緊急輸入の際、日商岩井やニチメンが扱った輸入額は一〇〇億円を超え、大手商社八社の合計では六三〇億円にのぼった。(18)

企業のグローバル展開とコメ・ビジネス

グローバルに調達し、グローバルに販売しているのは総合商社だけではない。前述した木徳神糧がベトナムから輸出する先は主にマレーシア、シンガポールなど東南アジア諸国である。二〇〇一年一月に著者がインドネシアで調査をおこなった際、インタビューした大手米輸入・精米業者のALAM MAKMUR SEMBADA（本社はジャカルタ）は日本から木徳神糧のセールスマンが売り込みに来たと言っていた。〇二年八月に再びインドネシアで調査した時には、東ジャワ州の州都スラバヤのHERO（インドネシア最大規模のスーパーマーケット・チェーン）では〝HANANOMAI〟（はなの舞）が同社のブランドで販売されていた。価格は五キログラム三万一二〇〇ルピア（一円＝七〇ルピア前後）で、二・五キログラム二万一七〇〇ルピアのカリフォルニア産「国宝」よりも低価格であった。(19)

食糧庁によれば、海外で日本企業が出資し、コメ・ビジネスをおこなっている合弁企業はアメリカ、タイにそれぞれ二社、ベトナムに三社、中国に四社あるが、今後の日本への米輸出の布石、先行投資ではあっても、現在のところすべてが日本向けというわけではない。(20) 右記の木徳神糧の事例のように、日本企業がアジアでおこなうコメ・ビジネスは短粒種米の市場ではアメリカよりも競争力を持つ可能性があるのである。以上のような動向も資本のグローバル化の一側面である。

(3) 日本の米流通と外国資本

資本のグローバル化は日本企業が海外で事業展開するだけではない。外国企業が日本に進出する場合もある。いまのところ、米流通の根幹に外国企業が参入しているわけではないが、間接的にコメ・ビジネスに関わっている。

「登録商社」として社名をあげた東食は一九九四年一〇月に米卸売業者である東京食糧卸に資本参加したが、その後本体の経営が行き詰まり、九八年一〇月に世界最大の穀物商社カーギルの支援を受けることになった。二〇〇〇年七月にはカーギルジャパンの社長が東食の社長に就任し、カーギルの傘下に入った[21]。

病院・事業所給食事業には外国資本の参入が著しい。イギリスの最大手ケータリング会社ガードナー・マーチャントは伊藤忠と合弁でガードナー・マーチャント・ジャパンを設立し、病院・事業所給食事業に参入した。同様に、フランス最大手のソデッソは三菱商事と合弁でソデッソ・ケータリングを設立した。アメリカのマリオット・コーポレーションも住友商事、ロイヤル、大阪ガスとの合弁でロイヤル・マリオット・アンド・エスシーを設立した。アメリカのARAが三井物産と合弁で設立したエームサービスは第六章でも紹介したように急成長し、いまや業界第二位である[22]。

米流通再編のイニシァティヴを握る量販店でも外国資本の進出が相次いでいる。直接参入した世界第二位の売上高を誇るフランスのカルフールとともに、第一章でも紹介したように、西友を傘下に収めた世界最大の小売企業ウォルマートの動向が今後米流通にも影響を及ぼすことになろう。

3　米流通の再編方向

(1)　コメ・ビジネスの今後

一九九九年四月に米輸入が「関税化」された際、MAを上回る分の二次税率は一キログラム当たり三五一円一七銭に定められたが、二〇〇〇年からは三四一円に引き下げられた。第六章でもふれたように、二〇〇三年二月に示されたWTO農業交渉における合意原案は米のMAの枠を五年後に国内消費量の八～一〇%に拡大するとともに、MA超過分の二次税率も四五%以上の引き下げを迫る内容になっている。日本政府はその原案に抵抗する姿勢を示しているが、外国からだけではなく、コメ・ビジネスを展開する日本企業からも米の輸入拡大の圧力が強まる状況が生じている。第一章で指摘したように、ますます輸入・国内流通を一元化したコメ・ビジネスが展開することになろう。

繰り返し述べてきたように、米輸入の拡大という商品レベルのグローバル化は資本レベルのグローバル化を伴う。海外だけではなく、日本国内のコメ・ビジネスでも、米飯ビジネスでも国籍の内外を問わない資本が競争を繰り広げることになる。

また、政策のグローバル化もますます進むことになる。第四章と第五章で述べたように、グローバルな政策手法である「市場原理」をより一層活用することを宣言した「新しい米政策」に基づく食糧法の改定案が二〇〇三年三月七日に閣議決定され、国会に提出された。審議は五月頃からになるが、〇四年四月施行を目指している。[23]

この案では、「基本計画」に代え、需給の見通し、備蓄運営の方針、輸入方針などを内容とする「基本指針」を定めることになっている。これまでの「基本計画」が生産目標、計画出荷数量、計画流通数量も定めることになっていることと比べれば、全般的に国の関与が弱くなっている。生産調整などその他の点についても変更されるが、公表されたばかりの法案であるため、本書では十分に検討できていない。コメ・ビジネスとの関係では計画流通制度及びその関連諸制度の廃止が大きい。現行では「自主流通計画を作成」し、「農林水産大臣の認可を受ける」役割を持っている自主流通法人（全農、全集連）の指定を廃止し、過剰米の処理のための無利子資金の貸付け、売買取引の債務保証などをおこなう指定法人に代える。また、現行では出荷取扱業者（第一種、第二種）、卸売業者、小売業者に区分されている登録業者制度が廃止され、「雑則」として、流通業者に「米穀の出荷又は販売の事業の届出」と帳簿の備付けを義務づけることを定めるだけになっている。計画流通制度自体を廃止することから、「自主流通米価格形成センター」も米全体を取り扱う「米穀価格形成センター」に代わる。

これまで指摘してきたように、計画流通と計画外流通の垣根が消費地流通では事実上なくなっていることを考えれば、計画流通制度の廃止は現状を追認するだけかもしれない。また、卸売業者と小売業者の区分についても、一九九八年一二月の登録の時点からは両業者の兼業が認められ、現実的にも系列化などが進んでいることから、やはり現状追認と言える。第一章で指摘したように、自主流通米価格形成センターについても「米市場」の方向に進んでいるので、同様のことが言える。

しかし、全体を通してみれば、現状追認にとどまらない。何よりも国の関与が少なくなり、生産者および「生産出荷団体等」の役割が大きくなるのである。また、卸売・小売業者の区分だけでなく、集荷業者（出荷取扱業者）との区分もなくすことは「生産出荷団体等」である農協系統組織に対して多大な影響を及ぼすことになる。一九八〇年代半ばまで七〇％程度であった農協系統組織の集荷率がすでに五〇％近くにまで落ち込んでいることを考えれば、これも現状追認かもしれないが、「登録出荷取扱業者」としての特別な位置づけがなくなり、他の業者と並列的に扱われることになるので、農協系統組織の立場を弱めることになる。

以上のような制度の変更によって、コメ・ビジネスはどのような方向に向かうのか、十分には示せないが、すでに現れている傾向を指摘しておこう。

第四章で指摘したように、「新しい米政策」における「新たな流通システムの考え方」では「価格形成センターでの取引」（定期、スポット）と「契約栽培、産地指定等の安定供給取引」の二本立てのシステムが想定されている。前者は文字通りの「米市場」として、本章で扱った輸入米も含めた相対的に低価格での取引がおこなわれよう。他方、後者については、流通各段階の業者区分がなくなり、ますます統合化された形態での流通が進展することになろう。また、今後輸入米が増加すれば、より一層の「商品差別化」のために、産地まで含めた「商品」の供給体制の整備が必要となってくるだろう。第二章で指摘した大規模生産者の販売戦略や、第三章で紹介した生産者の経営多角化と企業による農業生産段階への進出がそれを示唆している。

大手総合商社は系列の農業資材販売会社が米の集荷業務をおこない、系列の米流通業者が販売する体制を整えつつある。三井物産グループでは三井物産アグロビジネスが、三菱商事グループでは三菱商事アグリサービスが、伊藤忠商事グループでは伊藤忠アグリシステムが、住友商事グループでは住商アグロインターナショナルが、肥料などの農業資材の販売とあわせ、農業生産法人や生産者グループから有機米などを集荷する。例えば、山形県羽黒町の農業生産法人いずみ農産は有機米を伊藤忠ルートですかいらーくや生協に販売している。[24]

第三章で紹介した経団連の「米穀種子販売規制の緩和」という要求が実現すれば、「商品差別化」の範囲は種子開発にまでおよび、種子の供給も含めた典型的なアグリビジネス型インテグレーションに進展する可能性もある。すでに、全国的にも有名な三重県阿山町の農業生産法人である伊賀の里モクモク手づくりファームは、三菱化学系の植物工学研究所が開発した「夢ごこち」という品種を一九九四年から購入、作付けし、直売所や通信販売で消費者に直接販売している。キリンビールの植物開発研究所が開発した「ねばり勝ち」という品種は研究所

所在地である栃木県内の農協で作付けされている。(25)

要するに、企業は海外で取り組んでいるコメ・ビジネスと同じことを日本でもおこなおうとしているのであり、これもまた資本のグローバル化の一側面である。また、政策のグローバル化による規制緩和がそれを後押ししているのである。

(2) コメ・ビジネスに対するオルタナティヴ

これまで、「政策のグローバル化」に後押しされながら、「商品レベルのグローバル化」、「資本レベルのグローバル化」という方向で、「グローバリゼーション下のコメ・ビジネス」が展開されていることを論じてきた。第五章で述べたように、本来のグローバリゼーションとは、課題の人類共通化とその達成に向けた取り組みの共同化ないしは協同化である。グローバルな経済活動はそのための手段に過ぎず、より普遍的な人類共通の課題に資する限りで受容されるものである。あらためて繰り返すことはしないが、これまでの考察・検討を通じて随所で指摘したように、現在進行している「グローバリゼーション下のコメ・ビジネス」がそれにかなうものだとはとても言えない。

コメ・ビジネスの後押しをしている「政策のグローバル化」は「政策手法」のグローバル化でしかない。「政策目的」としてグローバルな課題をかかげていても、その実現のための手法は国やそれよりも狭い地域ごとの特性を活かした「ローカル」なものであって良い。「商品」や「資本」はグローバル化できても、「土地」はグローバル化できない。それゆえ「土地」を基盤とする限り、農業もグローバル化できない。農業政策に関する限り、政策手法は「ローカル」なものである必要がある。

したがって、「グローバリゼーション下のコメ・ビジネス」に対置すべきオルタナティヴは、ローカルな主体によって担われる米の生産・流通である。もちろん、目的はグローバルなものでなければならない。そのキーワードは「環境」や「食料の安定供給」であって良い。環境を保全する米生産・流通のあり方、安定的に食料が供給される生産・流通のあり方、それを実現するローカルな担い手の取り組み、こういった方向で考える必要がある。まずは可能な限り地域ごとに生産と消費の結合が図られる必要がある。

グローバルな目的を実現するローカルな主体に対する支援策は、当該主体の経済的発展を実現するものでなければならない。それはグローバルな政策手法である「市場原理」の活用だけでは困難であり、多様な手法が求められている。抽象的な結論になってしまったが、多様な手法の具体的な提案については本書の随所で述べたつもりである。

注

（1）Andi Novianto, "Changing Food Consumption Behavior in Indonesia",『東北農業経済研究』第一九巻第二号、二〇〇一年九月、二二ページ。

（2）世界全体および各国の生産量、輸入量、輸出量について、原資料はFAOSTATであるが、本章の執筆にあたっては、農林水産省統計情報部『国際農林水産統計　二〇〇一』、二〇〇二年を用いた。なお、この資料では米の生産量は籾重量、輸出入量は精米重量で示されているので、貿易率の計算にあたっては、籾と精米の換算比を〇・六五として計算した。

（3）『朝日新聞』一九九四年一月二七日付、一二面によれば、一九九四年に日本が米の緊急輸入をおこなったために、タイ米の輸出価格が急騰し、国内の卸売価格も上昇した。また、米流通業者が買いだめ、売り惜しみをおこなったことも報じられている。日本の緊急輸入では加工用のものも含めて高級米を買いつけたため、タイ国民の主食用の供給にも影響を及ぼした。

（4）米倉等「構造調整視点から見たインドネシア農業政策の展開―八〇年代中葉からの稲作と米政策を中心に―」『アジア経済』第四四巻第二号、二〇〇三年二月、二六〜二九ページ。佐藤朋久「グローバリゼーション下のコメ貿易が直面する問題」米倉等編『農村開発における新たな動き―グローバリゼーション下のジャワ―』東北大学大学院農学研究科資源環境経済学専攻、二〇〇一年、九七～一二一ページ。

（5） 冬木勝仁・佐藤朋久「ベトナムにおける農産物輸出と農業問題」『現代東アジア食糧・農業問題調整システム構築に関する研究』（一九九九～二〇〇一年度科学研究費補助金研究成果報告書）、二〇〇二年三月、一〇二ページ。

（6） ベトナムにおける米輸出への外国資本の進出については、『日本経済新聞』一九九四年三月三日付、九面、九月一九日付、八面、『日経産業新聞』一九九四年四月一四日付、三面の記事を参考にした。

（7） 日本企業のベトナム米輸出については、『日本経済新聞』一九九五年一二月一日付、一七面、一九九六年三月二〇日付、一三面、『日経産業新聞』一九九七年一一月二三日付、九面の記事を参考にした。

（8） ベトナムに関する叙述は一九九九年一二月にベトナムでおこなったヒアリング調査に基づいている。この調査は一九九九～二〇〇一年度に日本学術振興会科学研究費補助金の交付を受けた「現代東アジア食糧・農業問題調整システム構築に関する研究」の一環として行った。

（9） 「登録商社」については、食糧庁「平成一四年度及び平成一五年度における米麦の輸入業者の資格審査結果について」、二〇〇二年三月、に掲載されている「米麦輸入業者の有資格者名簿」による。「登録商社」各社の事業についてはそれぞれのホームページを参照した。

（10） 組合貿易が米輸入業務に参入したのは、輸入米を高値で入札し、自らが抱え込むことにより、国内流通に影響が及ばないようにするためであった。

（11） 三井物産とニチメンの事例については『日経産業新聞』一九九五年一一月一四日付、一七面、伊藤忠商事の事例については『日本経済新聞』一九九九年四月二五日付、一七面、兼松の事例については『日経流通新聞』一九九六年六月二〇日付、二面。

（12） 『日経流通新聞』一九九九年四月六日付、一〇面。

（13） 三井物産とトーメンの事例については『日本経済新聞』一九九九年三月二七日付、三面、伊藤忠商事の事例については『日経流通新聞』一九九五年八月二九日付、一三面。

（14） USAライス連合会とオーストラリアン・ライス生産者組合の取り組みについては『毎日新聞』一九九九年五月二日付、一五面、アメリカでの事業の縮小については『日本経済新聞』二〇〇〇年五月二二日付夕刊、一面。

（15） サンライスの事例については『日経産業新聞』一九九五年一一月一四日付、一七面、常石造船の事例については同前、一九九五年一一月九日付、一九面。

(16) 輸入米を原料にした米飯ビジネスの事例については『日経流通新聞』一九九四年一一月一五日付、一七面。
(17) 吉野家の事例については同右、イオンの事例については『日経流通新聞』一九九九年四月六日付、一〇面。
(18) 『産経新聞』一九九四年一一月一八日付、一〇面。
(19) この調査は二〇〇〇~二〇〇三年度に日本学術振興会科学研究費補助金の交付を受けておこなっている「発展途上国における市場制度の整備に関する研究」の一環として行った。
(20) 『朝日新聞』一九九九年四月一日付、一一面。
(21) 『日経流通新聞』一九九五年五月一八日付、一面、『日本経済新聞』一九九八年一二月一七日付、一五面。
(22) 『日経流通新聞』一九九四年五月三一日付、一面。
(23) 食糧庁「主要食糧の需給及び価格の安定に関する法律等の一部を改正する法律案（概要）について」二〇〇三年三月、「主要食糧の需給及び価格の安定に関する法律等の一部を改正する法律案要綱」、「主要食糧の需給及び価格の安定に関する法律等の一部を改正する法律案新旧対照条文」。
(24) 『日経流通新聞』一九九八年九月八日付、一面。
(25) 『日経産業新聞』一九九八年七月二九日付、一六面。

あとがき

私が米流通の研究に携わったのは東北大学に赴任した一九九〇年からである。大学院生時代はアメリカの食糧・農業政策について研究していたが、赴任当時研究室の教授であった河相一成先生（現・東北大学名誉教授）に誘われ、宮城県農業協同組合中央会から委託された調査に参加したことが米流通に関わるきっかけになった。当時は自主流通米価格形成機構（現・自主流通米価格形成センター）が発足し、入札取引が開始されようとしていた時期で、それが「宮城米の生産と流通に及ぼす影響」を調査するというのが委託内容であった。その調査では、食糧庁や全農など米流通に関係する機関・団体はもとより、全国の経済連・農協、米卸売・小売業者など米流通業者から多くの資料を得るとともに、米流通の実態についてインタビューすることができ、その後の研究の基礎を形成することができた。それ以降に執筆した次の論文が本書の下敷きになっている。

1　「韓国における糧穀管理制度の変遷とその背景」『農業・農協問題研究』第一〇号、一九九一年五月、七三〜八二ページ（第四章2(2)）

2　「『米飯ビジネス』と食糧管理制度」『農業経済研究報告』第二七号、一九九四年四月、二七〜四一ページ（第六章）

3　「新食糧法にむけて外食産業はこう対応する」『農業と経済』第六一巻第一五号、一九九五年一二月、一〇七〜一一二ページ（第六章）

4　「コメ流通再編の方向」『農業と経済』第六二巻第九号、一九九六年八月、四八〜五七ページ（第六章）

5　「米の価格形成と政府米の機能」『激変する食糧法下の米市場』筑波書房、一九九七年、八七〜一〇七ページ（第二

章2(1)、(2)、第四章2(1)
6　「日本の農業政策における農業と環境」『宮城の地域自治』第二四号、二〇〇〇年四月、一八～二七ページ（第五章3）
7　「食料政策と国内農業」『日本の科学者』第三五巻第一一号、二〇〇〇年一一月、五～九ページ（第五章2）
8　「流通再編下の米穀市場」『流通再編と食料・農産物市場』筑波書房、二〇〇〇年、二七～五二ページ（第一章2～4）
9　「大規模稲作経営の直接販売とリスク管理」『米価変動下における大規模経営のリスク管理に関する研究』（平成一〇～一二年度日本学術振興会科学研究費補助金研究成果報告書）、二〇〇一年、一一～二二ページ（第二章4）
10　「フードシステムと農業経営の多角化」『効率的・安定的な農業経営の展開と地域農業の発展のための従来の施策の評価に関する調査研究』（平成一二年度新たな農業政策に関する行政手法導入支援事業報告書）農政調査委員会、二〇〇一年、一～一一ページ（第三章1～3）
11　「価格低迷下の稲作経営と農協」『農業・農協問題研究』第二六号、二〇〇一年一二月、三四～四六ページ（第二章1、2(3)～(5)、3）
12　「流通再編と市場問題」『農業市場研究』第一〇巻第二号、二〇〇一年一二月、一三～二七ページ（第一章1、第三章4）
13　「ベトナムにおける農産物輸出と農業問題」『現代東アジア食糧・農業問題調整システム構築に関する研究』（平成一一～一三年度日本学術振興会科学研究費補助金研究成果報告書）、二〇〇二年、九九～一〇七ページ（第七章1(2)）
14　「農業経営の多角化と経営政策」『効率的・安定的な農業経営の展開と地域農業の発展のための従来の施策の評価に関する調査研究』（平成一三年度新たな農業政策に関する行政手法導入支援事業報告書）農政調査委員会、二〇〇二年、六七～七六ページ（第三章1～3）

以上の論文は執筆した時期が一〇年以上にわたっているため、データが古くなっていたり、私自身の問題意識が若干変わっていたりするので、大幅に加筆した。加筆にあたっては「資本の包摂・支配と農民の対応・対抗」と「グローバリゼーション」とをテーマにして再構成した。おおむね前半の各章が前者、後半の各章が後者を中心的なテーマにしている。各章間の内容の重複はなるべく避けたつもりだが、若干は残っている。

本書で用いている用語の使い分けについて若干説明しておきたい。本書では「米」と「コメ」という両方の表記を用いている。基本的には「米」と漢字で表しているが、「ビジネス」という用語が後ろについた場合にはカタカナの「コメ」を用いている。また、「生産者」、「農家」、「農民」、「農業者」という用語をそれぞれ用いている。統計や調査結果などのデータを用いた際に原資料の表記が「農家」となっていた場合、そのまま使っている。また、家族経営を法人経営と区別して叙述する際にも「農家」と表記している。「農民」という用語は、例えば「資本と農民」といったような階級関係を背景にした場合にのみ用いている。「農業者」という用語については、政策上の用語として用いられている場合、あるいは「フードシステム論」の中で食品産業など他の経済主体と並列的に扱う場合に用いている。それ以外は基本的に「生産者」という用語を用いている。

なお、本書では具体的な企業の名称が数多く出てくるが、この間の経済再編の中で合併・買収あるいは社名変更などが相次いでおり、必ずしも現在の社名になっているとは限らない。農協合併や県経済連の全農への統合あるいは個々の事業の分社化が進んでいるため、農協系統組織についても現在の名称で叙述されていないことがある。同様に国などの機関についても、組織再編のため旧名のままのことがある。また、本書でとりあげた事業から撤退している場合もある。この「あとがき」を執筆している間にも、日商岩井が子会社の米卸売業者ニュー・ノザワ・フーズの全株式を別の卸売業者に売却し、国内における米卸売事業から撤退するという情報が飛び込んできた（『商経アドバイス』二〇〇三年三月二七日付、一面）。もちろん、本書の本文には述べられていない。

それにしても、ここ十数年間の米流通再編の速度はすさまじいものがある。現実の変化を反映して、政策・制度も短期間で変更されている。一九九四年に制定され、一九九五年から施行された食糧法が一九九九年には改定され、今また大幅に見直されようとしている。この「見直し」、つまり「生産調整に関する研究会」での議論と並行して本書を執筆していたので、何度か書き直しを余儀なくされ、脱稿が相当遅れてしまった。

前述したように、本書のテーマの一つは「グローバリゼーション」である。現在、「グローバリゼーション」の旗手が中東で戦争をしている。長びく可能性もあると報じられているが、すでに戦後復興の主導権、すなわち利権をめぐる駆け引きが各国間でおこなわれており、「旗手」は自国中心で進めようとしている。「ウイナーズ・テイク・オール（勝者の独り占め）」がグローバリズムの帰結らしい（『日経産業新聞』二〇〇三年三月二四日付、一面）。

「グローバリゼーション下のコメ・ビジネス」もそうなるのであろうか。新たな貿易交渉を立ち上げるため一九九九年一一月にシアトルで開催されたWTO閣僚会議は、経済のグローバル化に反対する途上国やNGOによって包囲され失敗に終わった。このような「反グローバリズム」の動きはいまや「ビジネス」の脅威になっているが、「反グローバリズム」の運動自体もグローバルに展開されている。要は「グローバリゼーション」をどのように捉えるかである。この点については本書第五章、第七章で私なりの考え方を示したつもりである。私たちの主食である米に関して「ウイナーズ・テイク・オール」を許さないために、グローバルかつローカルな目標と行動が求められている。

最後になったが、本書執筆のきっかけをつくっていただいたばかりではなく、現実の動きに思い悩み執筆が滞るたびに貴重な助言をいただいた東京農工大学の矢口芳生氏と、多くのご配慮をいただいた日本経済評論社の清達二氏に感謝を申し上げる。

二〇〇三年三月

冬木勝仁

【な行】

【は行】

【ま行】

【や行】

【ら・わ行】

【た行】

索　引

【あ行】

【か行】

【さ行】

[著者紹介]

冬《ふゆ》木《き》勝《かつ》仁《ひと》

1962年京都市生まれ．京都大学大学院経済学研究科博士課程中途退学．現在，東北大学大学院農学研究科助教授．博士（農学）．

主著「流通再編下の米穀市場」『流通再編と食料・農産物市場』（共著）筑波書房，2000

「アメリカの世界農業・食糧戦略—NAFTAの意味—」『アグリビジネス論』（共著）有斐閣，1998

「米の価格形成と政府米の機能」『激変する食糧法下の米市場』（共著）筑波書房，1997

グローバリゼーション下のコメ・ビジネス
流通の再編方向を探る
現代農業の深層を探る 4

2003年4月25日　第1刷発行

定価(本体3000円＋税)

著　者　冬　木　勝　仁
発行者　栗　原　哲　也
発行所　株式会社 日本経済評論社
〒101-0051 東京都千代田区神田神保町3-2
電話 03-3230-1661　FAX 03-3265-2993
振替 00130-3-157198

装丁＊渡辺美知子　中央印刷・美行製本

落丁本・乱丁本はお取替えいたします　Printed in Japan

ISBN4-8188-1476-8

シリーズ「現代農業の深層を探る」（全5冊）

一九九五年一月のＷＴＯ発足以来、世界の農業も農業政策も市場指向型・効率主義へと大きく舵を切った。農業の工業化・グローバル化が急速に進行している一方で、食の安全性や環境に大きな影響が出ている。いま世界が注目しているのは「持続可能な農業」である。

わが国に眼を転じれば、深刻かつ急速に食の安全性への不信や環境への負荷、そして農業の衰退が深まっている。しかし、「持続可能な農業」への取り組みは極めて緩慢である。

ＢＳＥ（狂牛病）問題、遺伝子組み換え食品など、食の安全性への信頼は根底から揺らいでいる。食品の品質表示などをめぐって、行政の信頼性と食品流通・加工業者のモラルが問われている。農業生産の現場では、大規模経営体の形成にも、環境保全型農業の取り組みにも力強さが感じられない。目立つのは、農地の激減・遊休化、耕作放棄地の激増、農業労働力の高齢化・激減など衰退の姿であり、大量の農産物輸入である。

このまま私達の食料を海外に委ねていいものだろうか。ＷＴＯ体制のもとで日本農業は存立できるのだろうか。農村集落は、コメは、都市農地は、食品の安全性はどうなるのか。生産や消費の現場で何が起きているのか、どうしようとしているのだろうか。本シリーズは、輸入超大国日本の農業と食の現状を生産者および消費者の側から明らかにし、疑問やニーズに応えながら将来の方向を探るものである。

（企画編集代表　矢口芳生）

1 **矢口芳生／ＷＴＯ体制下の日本農業**――「環境と貿易」の在り方を探る　本体三三〇〇円

2 **長濱健一郎／地域資源管理の主体形成**――「集落」新生への条件を探る　本体三〇〇〇円

3 **後藤光蔵／都市農地の市民的利用**――うるおい時代の「農」を探る

4 **冬木勝仁／グローバリゼーション下のコメ・ビジネス**――流通の再編方向を探る　本体三〇〇〇円

5 **大山利男／有機食品システムの国際的検証**――消費者ニーズの底流を探る